異種材料接合技術
－マルチマテリアルの実用化を目指して－

Dissimilar Materials Joining Technology
－For the Practical Application of Multi-Materials Fabrication－

監修：中田一博
Supervisor : Kazuhiro Nakata

シーエムシー出版

はじめに

　近年,「マルチマテリアル」という言葉が製造産業において注目されている。これは異なる性質を有する材料を適材適所で組合せて,最大の材料パフォーマンスを得ようとする考え方,あるいは設計思想である。その代表的な適用対象として自動車がある。すなわち,地球温暖化防止や大気環境保全の観点から,自動車の排ガス規制が一段と強化され,燃費向上のためにも自動車車体の軽量化が急務となっている。

　車体の軽量化の方法として,強度の高い高張力鋼を用いて薄板構造にする,あるいは鉄よりも軽い軽量金属材料であるアルミニウム合金やマグネシウム合金を使用する,さらに,より軽量化が期待できる樹脂材料や炭素繊維強化複合材料（CFRP）を利用するなどの方法が実用化の視野に入ってきている。しかし材料コストと製造コストを考慮すると,もはや単独材料での車体軽量化は実用的には困難な状況である。このために,これらの材料をうまく組合せて,軽量化と生産コストの両方の課題を同時に克服しようとするものが「マルチマテリアル」であり,自動車の車体軽量化においては特に注目されるキーワードとなっている。

　しかし,この「マルチマテリアル」による軽量化を実現するためには,接合が困難な鉄とアルミニウム合金のような金属材料同士の異材接合のみならず,最近では,まったく材料構造が異なる金属と樹脂,あるいは金属とCFRPとの接合までもが要求されてきている。すなわち文字どおりの異種材料接合技術が必要とされてきているのである。

　また,「マルチマテリアル」は,接合継手の機能として,現在特に注目されている軽量化のみならず,耐食性,耐熱性,低温靭性,耐摩耗性,電気伝導性,熱伝導性,電磁気特性など多様な材料機能を対象にできるものであり,今後の展開が大いに期待されている。

　材料は,その基本構造から金属材料,高分子材料およびセラミックス材料に分類される。材料構造が基本的に異なるこれらの材料間の接合技術は,これまでごく一部の材料組合せで実用化されてきたものである。このため,「マルチマテリアル」の実用化のためには,異種材料間の接合技術に関して,接合方法,接合メカニズム,接合継手の機械的・化学的諸特性やその評価方法,ならびにこれらを考慮した構造設計などについて,新たにそのデータベースを構築し,技術開発を進めることが焦眉の急となっている。

　本書は,異種材料接合技術について,接合メカニズムや評価法の基礎から,接合継手の作製方法の実際や継手特性に関して,最新のデータに基づいて,特に関心の高い金属／樹脂・CFRPの組合せを中心に,金属材料／高分子材料／セラミクス材料の組合せに関して,幅広い異種材料接合技術を,学術界ならびに産業界の専門家が,分かりやすく解説したものである。

　異種材料接合技術を包括的に理解し,また実用技術として使いこなすために必要な知識を得

ための最適の一冊であり,材料技術開発,ならびに生産技術開発に係わる研究者やエンジニアの方々などにご活用頂ければ,著者一同の喜びとするところである。

平成28年11月吉日

大阪大学名誉教授;大阪大学　接合科学研究所　特任教授

中田一博

執筆者一覧（執筆順）

中田 一博	大阪大学名誉教授；大阪大学　接合科学研究所　特任教授
井上 雅博	群馬大学　先端科学研究指導者育成ユニット　先端工学研究チーム　講師
立野 昌義	工学院大学　工学部　機械工学科　教授
早川 伸哉	名古屋工業大学　大学院工学研究科　電気・機械工学専攻　准教授
佐藤 千明	東京工業大学　科学技術創成研究院　准教授
塩山 務	バンドー化学㈱　R&Dセンター　シニアエンジニア，高分子学会フェロー
髙橋 正雄	大成プラス㈱　技術開発部　技術開発課　課長
林 知紀	メック㈱　新事業開発室　営業・マーケティンググループ
三瓶 和久	㈱タマリ工業　レーザ事業部　理事
花井 正博	多田電機㈱　応用機工場　営業部　部長
吉川 利幸	多田電機㈱　応用機工場　第一製造部　ビーム計画課　課長
水戸岡 豊	岡山県工業技術センター　研究開発部　金属加工グループ　研究員
日野 実	広島工業大学　工学部　機械システム工学科　教授
前田 知宏	輝創㈱　代表取締役
望月 章弘	ポリプラスチックス㈱　研究開発本部　テクニカルソリューションセンター　研究員
永塚 公彬	大阪大学　接合科学研究所　特任助教
佐伯 修平	㈱電元社製作所　溶接技術開発課
北本 和	㈱電元社製作所　溶接技術開発課
岩本 善昭	㈱電元社製作所　溶接技術開発課長
榎本 正敏	㈱WISE企画　技術部　部長
瀬知 啓久	鹿児島県工業技術センター　生産技術部　主任研究員
堀内 伸	㈣産業技術総合研究所　ナノ材料研究部門　接着・界面現象研究ラボ　上級主任研究員
鈴木 靖昭	鈴木接着技術研究所　所長

目　次

〔第1編　異種材料の接合メカニズム・表面処理〕

第1章　接着・接合技術のための化学結合論　　井上雅博

1　はじめに …………………………… 1
2　化学結合とは何か ………………… 1
　2.1　化学結合の概念 ………………… 1
　2.2　分子中の電荷分布に起因する化学結合の性質 ………………………… 2
　2.3　金属結合のモデル化 …………… 3
3　2つの分子間に発生する化学的相互作用 …………………………………… 5
　3.1　van der Waals力 ……………… 5
　3.2　水素結合の形成 ………………… 6
4　化学的相互作用を解析するための古典モデル ………………………………… 9
　4.1　水素結合の古典的なモデル化 … 9
　4.2　溶解度パラメータ ……………… 10
　4.3　古典モデルの適用限界 ………… 11
5　分子軌道論に基づく界面結合形成の解析 …………………………………… 12
　5.1　酸・塩基仮説の考え方 ………… 12
　5.2　分子軌道論に基づく界面相互作用の解析 …………………………… 12
　5.3　電子の化学ポテンシャル ……… 14
　5.4　電子の化学ポテンシャルの微分による反応性指標の導入 ………… 14
　5.5　フロンティア分子軌道論と酸・塩基仮説の比較 ……………………… 15
　5.6　現実の系で界面電子移動が発現する条件 ………………………………… 16
6　おわりに …………………………… 16

第2章　異種材料接合界面の力学　　立野昌義

1　はじめに …………………………… 18
2　異種材料接合界面端近傍における力学的問題点 ………………………………… 19
　2.1　異材界面端近傍の応力 ………… 19
　2.2　Dundursの複合パラメータ …… 21
　2.3　特異応力場 ……………………… 21
3　セラミックス／金属接合体の引張り強度と破壊様式 ………………………… 23
　3.1　接合体引張り強度および破壊様式に及ぼす接合処理温度の影響 …… 23
　3.2　接合体引張り強度に及ぼす接合界面端形状の影響 …………………… 28
4　おわりに …………………………… 29

第3章　金属と樹脂のレーザ接合における表面処理と接合強度　　早川伸哉

1　はじめに …………………………… 32
2　レーザ接合の原理 ………………… 32
　2.1　熱可塑性樹脂のレーザ溶着 …… 32
　2.2　金属と樹脂のレーザ接合 ……… 33

	2.3	接合面の到達温度……………… 33		3.4	接合面の観察………………… 36
3	アルミニウムとアクリルの接合 … 34			3.5	金属微細孔への樹脂の流入深さ… 39
	3.1	金属接合面の前処理…………… 34	4	チタンとアクリルの接合 ………… 40
	3.2	レーザ光吸収率………………… 35	5	おわりに ………………………… 43
	3.3	接合強度………………………… 35		

〔第2編　異種材料接合における技術開発〕

第1章　接着法

1　次世代自動車へのCFRPの適用と接着技術の課題………佐藤千明… 45
　1.1　はじめに ………………………… 45
　1.2　現状における接着接合の車体構造への適用 ………………………… 45
　1.3　今後の車体軽量化への取り組みと接着接合技術 …………………… 49
　1.4　おわりに ………………………… 52
2　ゴムと金属の直接接着技術
　　………………………塩山　務… 54
　2.1　はじめに ………………………… 54
　2.2　ゴム固有の問題………………… 55
　2.3　直接加硫接着技術……………… 56
　2.4　今後の技術開発について ……… 60

第2章　射出成形（インサート成形）による接合

1　異材質接合品への耐湿熱性能の付与
　　………………………高橋正雄… 65
　1.1　はじめに ………………………… 65
　1.2　NMT ……………………………… 65
　1.3　新NMT…………………………… 66
　1.4　射出接合可能な樹脂…………… 66
　1.5　恒温恒湿試験 …………………… 66
　1.6　腐食による接合部の破壊 ……… 66
　1.7　NMTへの耐湿熱性能の付与 …… 67
　1.8　アルミ以外の金属での湿熱性能… 69
　1.9　まとめ …………………………… 69
2　粗化エッチングによる樹脂・金属接合
　　………………………林　知紀… 71
　2.1　はじめに ………………………… 71
　2.2　アマルファ処理について ……… 71
　2.3　各種金属での粗化形状………… 72
　2.4　インサート射出成形による接合強度測定サンプルの作成 ………… 77
　2.5　インサート射出成形による接合強度測定結果 …………………… 78
　2.6　考察……………………………… 79

第3章　高エネルギービーム接合

1　レーザ技術を用いたCFRP・金属の接合技術と今後の課題 ………三瓶和久… 80
　1.1　はじめに ………………………… 80
　1.2　自動車の軽量化と材料の変遷 …… 80

1.3 自動車構成材料のマルチマテリアル化と異材接合 …………… 81	3.5 おわりに ………………………… 116
1.4 樹脂材料のレーザ溶着技術 ……… 83	4 インサート材を用いた異種材料のレーザ接合のための金属表面処理
1.5 樹脂と金属のレーザ溶着技術 …… 85	………………………… 日野 実… 118
1.6 CFRPと金属材料の接合 ………… 89	4.1 はじめに ………………………… 118
1.7 今後の課題と展望 ………………… 93	4.2 接着に適した金属表面の改質 …… 118
2 電子ビーム溶接による銅とアルミニウムなどの異種金属接合	4.3 おわりに ………………………… 124
………… 花井正博,吉川利幸 … 96	5 ポジティブアンカー効果による金属とプラスチックの直接接合 … 前田知宏… 125
2.1 はじめに ………………………… 96	5.1 はじめに ………………………… 125
2.2 電子ビーム溶接法について ……… 96	5.2 金属-プラスチック直接接合技術の概要 ……………………………… 125
2.3 異種金属材料の溶接事例 ………… 103	5.3 ポジティブアンカー効果による金属とプラスチックの接合 ………… 125
2.4 電子ビーム溶接機について ……… 105	5.4 PMS処理 ………………………… 126
2.5 現状の課題と今後の展望について ………………………………… 106	5.5 金属とプラスチックの接合 ……… 129
3 エラストマーからなるインサート材を用いた異種材料のレーザ接合技術	5.6 おわりに ………………………… 133
………………………… 水戸岡 豊… 108	6 樹脂表面へのレーザ処理による異種材料接合技術 ………… 望月章弘… 134
3.1 はじめに ………………………… 108	6.1 緒言 ……………………………… 134
3.2 インサート材を用いたレーザ接合 ………………………………… 109	6.2 AKI-Lock®の概要 ……………… 134
3.3 現在の取り組み ………………… 113	6.3 AKI-Lock®の諸特性 …………… 135
3.4 今後の展開 ……………………… 115	6.4 結言 ……………………………… 141

第4章 摩擦撹拌接合

1 摩擦撹拌接合による異種材料接合の展望	1.5 摩擦撹拌点接合FSSWによる異材接合 ……………………………… 157
………………………… 中田一博… 142	2 摩擦重ね接合法による金属と樹脂・CFRPの接合 ………… 永塚公彬,中田一博… 160
1.1 状態図から見た金属材料同士の異材接合の可能性評価 …………… 142	2.1 はじめに ………………………… 160
1.2 異材接合が可能となる接合界面構造 ………………………………… 144	2.2 摩擦重ね接合 …………………… 160
1.3 摩擦撹拌接合(FSW)法 ………… 145	2.3 金属/樹脂の接合 ……………… 161
1.4 FSWによる異材接合継手形成例 … 148	2.4 金属/CFRTPの接合 …………… 164

2.5 金属への表面処理が接合特性に及ぼす影響 …………………… 166	2.6 ロボットFLJによる金属／CFRTPの接合 ……………………… 168
	2.7 まとめ …………………………… 170

第5章　その他の接合方法

1 シリーズ抵抗スポット溶接による金属とCFRPの接合	2.1 はじめに ………………………… 178
…………永塚公彬，中田一博，	2.2 異種金属材料接合の基本的な考え方 …………………………… 178
佐伯修平，北本　和，岩本善昭 … 171	2.3 A6N01と純TiのTIG溶接 ………… 178
1.1 はじめに ………………………… 171	2.4 おわりに ………………………… 181
1.2 シリーズ抵抗スポット溶接を用いた金属／樹脂・CFRPの接合 ……… 171	3 レーザろう付による金属とセラミックス・ダイヤモンドの接合
1.3 実験方法 ………………………… 172	……瀬知啓久，永塚公彬，中田一博 … 183
1.4 実験結果および考察 …………… 172	3.1 はじめに ………………………… 183
1.5 まとめ …………………………… 177	3.2 接合方法と装置の特徴 ………… 184
2 アルミニウムとチタンのアーク溶接	3.3 代表的な接合事例 ……………… 186
………………………榎本正敏 … 178	3.4 まとめ …………………………… 190

〔第3編　評価〕

第1章　異種材料接合の国際標準化　　堀内　伸

1 背景 ………………………………… 193	2.3 剥離強度特性 …………………… 198
2 樹脂-金属接合界面特性評価方法の開発 …………………………… 194	2.4 樹脂-金属接合界面の封止特性評価 …………………………… 198
2.1 引張り接合特性（突合わせ試験片） …………………………… 195	2.5 冷熱衝撃試験，高温高湿試験 …… 200
	2.6 疲労試験 ………………………… 201
2.2 せん断接合特性 ………………… 197	3 国際標準化活動 …………………… 201

第2章　異種材料接合部の耐久性評価と寿命予測法　　鈴木靖昭

1 アレニウスの式に基づいた温度による劣化および耐久性評価法 ………… 204	1.2 濃度と反応速度および残存率との関係 …………………………… 204
1.1 化学反応速度式と反応次数 …… 204	1.3 材料の寿命の決定法 …………… 205
	1.4 反応速度定数と温度との関係 …… 207

1.5 アレニウス式を用いた寿命推定法
　　………………………………… 207
2 アイリングモデルによる機械的応力，湿度などのストレス負荷条件下の耐久性加速試験および寿命推定法 ………… 209
　2.1 アイリングの式を用いた寿命推定法
　　………………………………… 209
　2.2 アイリング式を用いた湿度に対する耐久性評価法 ………………… 211
　2.3 Sustained Load Test ……………… 215
3 ジューコフ（Zhurkov）の式を用いた応力下の継手の寿命推定法 ………… 220
　3.1 ジューコフの式 …………………… 220
　3.2 ジューコフの式による接着継手のSustained Load Test結果の解析 … 221

〔第1編　異種材料の接合メカニズム・表面処理〕

第1章　接着・接合技術のための化学結合論

井上雅博*

1　はじめに

　接着・接合現象を理解するためには界面での化学的相互作用の解析が不可欠である。接着・接合界面での現象は複雑であり単純に理解できるものではないが，化学結合論は技術開発の道標の役割を果たす重要なツールのひとつであることは間違いない。

　初等レベルの化学や物理の教科書では非常に単純なモデルを用いた説明に終始するため化学結合の概念は一見簡単そうに見える。残念ながら，簡単そうに見えるがゆえに研究開発の現場で誤解を生じることもある。例えば，多くの教科書では「共有結合」，「イオン結合」，「金属結合」などの結合が全く別物であるかのような記述がなされているため，異種材料間の接合界面での結合に関する議論において混乱を招くこともしばしば見受けられる。また，接着メカニズムのモデルのひとつとして酸・塩基仮説が提案されているが，これについてあたかも通常の界面相互作用とは異なる特別なメカニズムが発現するとの誤解を与えるような記述をしている専門書も過去には存在した。

　しかし，分子軌道論の立場から考えると，「共有結合」，「イオン結合」，「金属結合」のような結合概念を統一的に議論することは可能であるし，界面での結合形成も基本的にフロンティア軌道間の相互作用に起因して誘導される現象であると理解される。このように，分子軌道論に基づく化学結合のモデル化は，接着・接合界面での化学的相互作用を解析するうえで有用である。ここでは，接着・接合現象を統一的に議論するための（古典論から分子軌道論に亘る）化学結合論の概要を整理してみたい。

2　化学結合とは何か

2.1　化学結合の概念

　初等レベルの教科書に書かれているような「共有結合」，「イオン結合」，「金属結合」の概念に関する説明は割愛し，分子軌道論的な化学結合の描像から説明を始める。

　複数の原子が集合して分子や固体を形成する場合，原子核の周辺に実在するのは電子である。電子は波動性を有することから，その存在は電子密度の形で表現されることになる。実空間上で

---

*　Masahiro Inoue　群馬大学　先端科学研究指導者育成ユニット　先端工学研究チーム
　　講師

の電子密度は密度汎関数法[1,2]などの量子論に基づくシミュレーションにより視覚化できる。しかし，シミュレーションによって得られた電子密度の等高線図のみから結合の状態や性質を直接理解することは必ずしも容易ではない。

そこで電子密度を解析するために必要となるのが化学結合の概念である。化学結合に関して有効な議論を展開するためには，合理的な結合モデルを設定することが重要である。ここでは，分子軌道と分子中での電荷分布に基づいて，化学結合に関する考察を行うことにする。

2.2 分子中の電荷分布に起因する化学結合の性質

密度汎関数法による電子状態シミュレーションを行った後，分子中の電荷分布を電子密度解析法により定量的に解析することができる[3]。この電子密度解析法としては，Mullikenの解析法など，いくつかの方法が提案されている。

Mullikenの解析法では，分子を構成する各原子について有効原子軌道電子数の和をとることで原子の有効電荷（負電荷）を求める。この値と原子核の（正）電荷の差が，原子の正味の電荷（Mullikenの原子電荷）となる。正味の電荷の値は原子の有効イオン価を意味しており，イオン性を表す尺度となる。

図1のようにAとBという原子が結合して分子を形成しているとすると，AとBの原子軌道関数が重なる領域が存在する。この領域における有効電荷を共有結合に寄与する電荷（原子間共有結合電荷）と考える。この値は正味の結合次数（Mullikenの結合次数）とも呼ばれ，共有結合性の

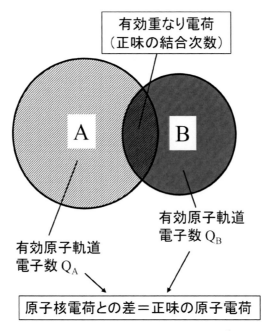

図1　Mullikenの電子密度解析の概念図[3]

第1章 接着・接合技術のための化学結合論

尺度として化学結合解析に用いることができる。

ここでMullikenの電荷密度解析の一例として，水分子に関する計算結果を示す。図2には，電子密度の等高線図と重ねる形で水素原子-酸素原子間の正味の結合次数とそれぞれの原子の正味の電荷を示している。水素原子-酸素原子間の結合は比較的強い共有結合性を有していると判断できるが，この計算結果はもう一つの化学結合上の特徴も表している。水素原子と酸素原子の正味の電荷はそれぞれ正と負の値になる。この値をそれぞれの原子の有効イオン価と考えると両者の間にはCoulomb引力が働くことになる。すなわち，この原子間の結合は，共有結合性だけでなくイオン結合性が混ざり合う形で構成されているということになる。

初等レベルの化学や物理の教科書では共有結合とイオン結合を別々の概念で説明しているが，現実の分子では多くの場合，共有結合性とイオン結合性が混ざり合う形で化学結合が形成されている。したがって，電荷密度解析法は，化学結合の特徴を定量的に把握するために有用な解析手法であると言える。

2.3 金属結合のモデル化

初等レベルの教科書では，共有結合やイオン結合と同列の扱いで金属結合を説明していることが多い。これらの教科書では，等方的な自由電子の海の中に金属イオンが島のように分布しているという，所謂，ジェリウムモデルを念頭に置いて金属結合を説明している。ここでは分子軌道の考え方を適用して金属結合について考察してみる。

まず，Alの結晶構造モデル（fcc）を用いて密度汎関数法により計算した電子状態を図3に示す。この計算結果に対してMullikenの電荷密度解析を行ったところ，最近接のAl原子間の正味の

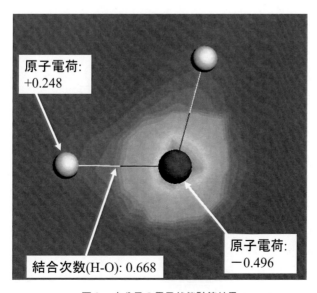

図2　水分子の電子状態計算結果

異種材料接合技術　—マルチマテリアルの実用化を目指して—

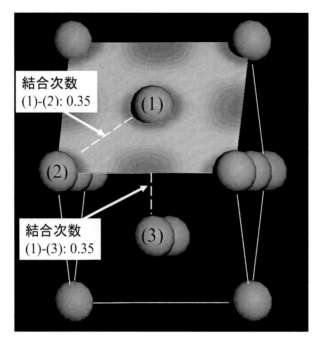

図3　Al結晶の電子状態計算結果

結合次数はすべて0.35となり，比較的弱い共有結合性の結合が等方的に広がっていることが示唆された。この結果を見るとジェリウムモデルで仮定していた等方的な電子の分布と近い状態になっていることがわかる。

次に，Feの結晶構造モデル（bcc）の密度汎関数法計算の結果を図4に示す。Feの場合，Alとは異なり，異方性のある電荷分布になっていることがわかる。(110)面の対角線方向に電子が強く局在化している（正味の結合次数1.09）のに対して，(001)面ではFe原子間に共有結合性電荷は存在しない。この異方的な電子状態はフェルミ準位近傍に存在する3d軌道の特徴を反映したものである。この局在化したd電子は吸着種や異種物質との表面あるいは界面反応の際に重要な役割を果たす。

図4に示した電子状態の計算結果は，Fe結晶は非常に強い共有結合性を有することを示している。このような局在化した電荷分布を有するにも関わらず，Feは電気伝導性を示すのはなぜであろうか。電気伝導が発現するためには電子の非局在性が必要である。実空間上の電子密度ではなく，状態密度（DOS）曲線を確認すればわかることであるが，Feの場合，4s，4p軌道の軌道間相互作用により長距離に及ぶ波動関数の広がり（非局在化）が現れる[3]。この波動関数の広がりが電気伝導を発現する起源になる。

このように，化学の視点からみると，金属結合は共有結合（σ結合）が非局在化した特殊な共役系であると理解することができる。Alのような典型金属とFeのような遷移金属はともに金属

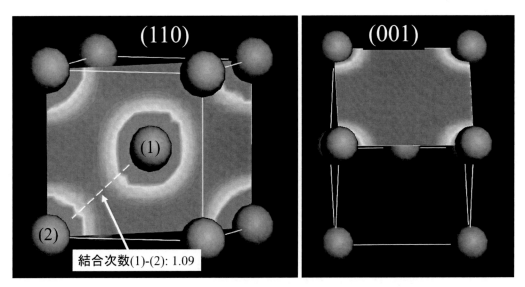

図4　Fe結晶の電子状態計算結果（(110)面と(001)面の電子状態）

結合から構成される物質であるが，その結合の性質は大きく異なる。したがって，金属結合と一口にまとめることはできず，それぞれの金属における結合状態を分子軌道論に基づいて解析する必要がある。

AlやFe結晶の計算例では，1種類の原子から構成されるとともに格子欠陥を含まない結晶を用いたため，イオン結合性を考える必要はないが，異種原子や欠陥が存在する金属結晶ではイオン結合性も生じる。図5に，B2型結晶構造を有する金属間化合物であるFeAlの電子状態計算結果を示す。この場合には，Fe原子とAl原子の電気陰性度に起因して有効原子電荷に偏りが生じ，正味の電荷はFe原子では−，Al原子では＋の値になる。

以上のような量子化学的（分子軌道論的）考察に基づけば，金属結合も共有結合性とイオン結合性という化学結合の一般的な概念を用いて解釈できる。つまり，全く別物のようなイメージでとらえられてきた「共有結合」，「イオン結合」，「金属結合」を統一的に理解することができる[3]。したがって，異種物質間（異種材料間）での界面相互作用を解析する際にも，分子軌道論は有用なツールとなると考えられる。

3　2つの分子間に発生する化学的相互作用

3.1　van der Waals力

以上の議論では，1つの分子あるいは結晶を対象として化学結合の概念を考察してきたが，次に2つの分子間で生じる化学的相互作用について考えてみる。

まず，隣接する原子や分子の間にはvan der Waals力が普遍的に生じる。van der Waals力の根

異種材料接合技術　—マルチマテリアルの実用化を目指して—

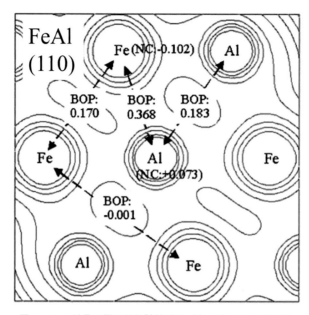

図5　FeAl結晶の電子状態計算結果（(110)面の電子状態）
NC, BOPはそれぞれMullikenの原子電荷と結合次数に対応する数値を表す

源は正あるいは負に分極した粒子間に働く長距離Coulomb相互作用であり，原子あるいは分子の間に共有結合電荷が生じなくても発生する力である。van der Waals力を記述するためのモデルには化学的モデルと物理的モデル（Lifshitsモデル）の2つの考え方がある[4]。

化学的モデルでは，van der Waals力を分散効果，配向効果，誘起効果の3つの成分に分類する。永久双極子モーメントを有する分子同士に働くCoulomb相互作用が配向効果であり，一方の分子の永久双極子によって他方の分子中に誘起された双極子の間に働くCoulomb相互作用が誘起効果である。また，配向効果と誘起効果をまとめて極性相互作用と呼ぶ場合もある。

これらの極性相互作用は極性分子の場合にしか発現しないが，原子や非極性分子の間に働くvan der Waals力はどのように発現するのか。Londonは，電荷の偏りがない原子や分子においても常に電子雲の揺らぎにより瞬間的に正と負の電荷重心にずれが生じており，この瞬間的な電荷の偏りにより原子や分子の間にCoulomb相互作用が発現するという考え方を提案した。このメカニズムが分散効果であり，その際に発生する力を分散成分，あるいはLondon分散力と呼ぶ。分散効果は，極性，非極性に関わらず，すべての原子や分子の間に発現する。

3.2　水素結合の形成

次に，2つの水分子を近づけていく場合の変化について図6に示したようなモデルを用いて考察してみる。図中の水分子1の水素原子と水分子2の酸素原子の間の距離を変化させて密度汎関数法計算を行い，得られた全エネルギーに基づいて2つの分子間の相互作用エネルギーを見積

第1章　接着・接合技術のための化学結合論

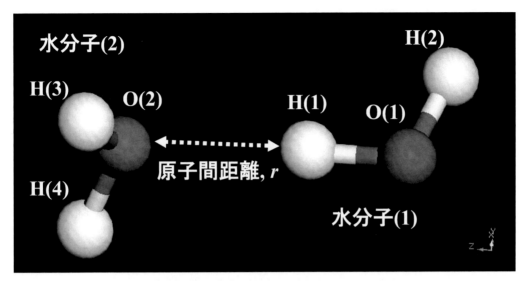

図6　2つの水分子間の相互作用を計算するためのモデル

もった。

　相互作用エネルギーを分子間距離（水素原子1と酸素原子1の間の原子間距離）の関数として表現すると図7のようなポテンシャル曲線を得ることができた。このポテンシャル曲線から平衡原子間距離は約0.18nmと見積もられたが，この値は実測値（0.177nm）を比較的よく再現していた。そこで，この計算結果に基づいて水分子間に形成される水素結合について考えてみる。

　2つの水分子の結合状態をMullikenの電子密度解析によって考察する。図6に示した分子モデルにおいて，水素原子H(1)と酸素原子O(2)の間と酸素原子O(1)とO(2)の間の正味の結合次数を見積もり，H(1)-O(2)間の原子間距離の関数として表した（図8）。この原子間距離が0.4nm以上の領域ではH(1)-O(2)間に共有結合電荷は生じない。したがって，この領域ではvan der Waals力のみがH(1)-O(2)間で働いていると考えることができる。次に0.4nmより原子間距離を短くしていくとH(1)-O(2)間の結合性の共有結合電荷が次第に増加していくことがわかる。

　一方，O(1)-O(2)間の電子状態についてみてみると，H(1)-O(2)間の原子間距離が減少するほど反結合性相互作用が強くなっていることがわかる。H(1)-O(2)間の結合性相互作用とO(1)-O(2)間の反結合性相互作用の重ね合わせの結果，平衡原子間距離が決まると考えられる。

　図9には2つの水分子を平衡原子間距離に配置した場合の計算結果を示している。このモデルにおいてH(1)-O(2)間に形成されている結合が「水素結合」と考えることができる。Mullikenの電荷密度解析により見積もった正味の結合次数は0.082であり，非常に弱いものの共有結合性を有する結合が形成されていることがわかる。さらにH(1)とO(2)の正味の原子電荷を見るとそれぞれ+0.268と-0.481となり，両者の間にはイオン結合性の相互作用も作用していることが理解できる。このように水素結合も分子軌道論に基づけば，共有結合性とイオン結合性の混ざり合っ

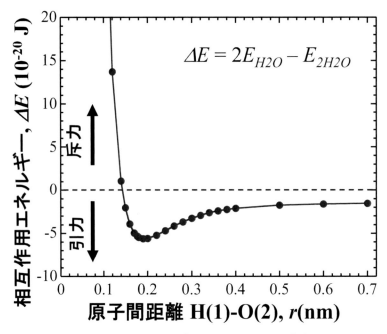

図7　2つの水分子の相互作用ポテンシャル曲線

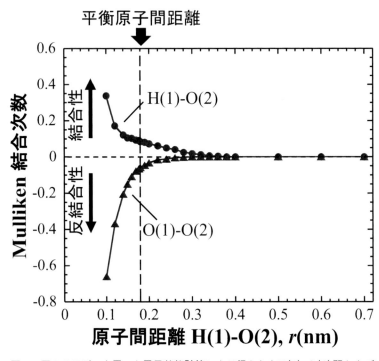

図8　図6のモデルを用いた電子状態計算により得られたH(1)-O(2)間およびO(1)-O(2)間のMulliken結合次数のH(1)-O(2)原子間距離依存性

た形でモデル化できる。

4 化学的相互作用を解析するための古典モデル

4.1 水素結合の古典的なモデル化

図6～9においては,分子軌道論に基づいた水素結合の解析を試みた。計算機の演算能力が乏しかった1980年代以前では,このような計算を行うことは必ずしも容易ではなかった。そのため,密度汎関数法などの計算化学的手法に頼らない,直観的なモデル化が試みられてきた[5]。

一例として,図9に示したH(1)-O(2)間の電子状態のモデル化を考えてみる。まず,前提条件として,この原子間の結合はvan der Waals力と水素結合相互作用が混ざり合うことで形成されていると考える。そして,これらの相互作用の和として水素結合をモデル化するという考え方である。

この水素結合の直観的なモデル化については3つの代表的な考え方がある。一つ目の考え方として,van der Waals力を分散成分と極性成分に分類するとともに,水素結合成分を極性成分に組み込むことで,分散成分と極性成分の2成分の和として水素結合をモデル化することができる。また,van der Waals力の極性成分と水素結合成分は性質が異なるので,別々に取り扱うとし,分散成分,極性成分,水素結合成分の3成分の和として取り扱うという考え方も成立し得

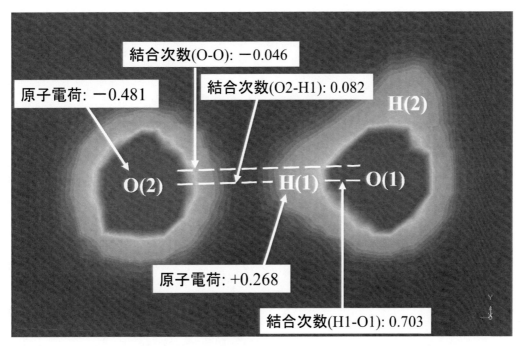

図9　2つの水分子を平衡原子間距離に配置した場合の電子状態計算結果

る。一方，全く別の視点としてLewis酸・塩基の概念を導入することで結合形成メカニズムに踏み込んだモデルを考えることもできる。水素結合成分は分子間の電子の授受の観点から整理し，この効果にvan der Waals力の効果を足し合わせることで水素結合をモデル化する。

エポキシ樹脂などの有機系接着剤と金属やセラミックス基材との接着界面では水素結合が形成されていると考えられることから，水素結合のモデル化は古典的接着理論の中で重要な位置を占めている。上記の水素結合モデルを，Dupréのエネルギー保存式に基づき表面自由エネルギーをパラメータとして数式化したものが，代表的な古典接着理論である拡張Fowkes式である。以下に，上記の3つのモデルに対応する代表的な拡張Fowkes式を示す。

$$\gamma_{SL} = \gamma_S + \gamma_L - 2\left\{\left(\sqrt{\gamma_S^d \gamma_L^d}\right) + \left(\sqrt{\gamma_S^p \gamma_L^p}\right)\right\} \tag{1}$$

$$\gamma_{SL} = \gamma_S + \gamma_L - 2\left\{\left(\sqrt{\gamma_S^d \gamma_L^d}\right) + \left(\sqrt{\gamma_S^p \gamma_L^p}\right) + \left(\sqrt{\gamma_S^h \gamma_L^h}\right)\right\} \tag{2}$$

$$\gamma_{SL} = \gamma_S + \gamma_L - 2\left\{\left(\sqrt{\gamma_S^{LW} \gamma_L^{LW}}\right) + \left(\sqrt{\gamma_S^+ \gamma_L^-}\right) + \left(\sqrt{\gamma_S^- \gamma_L^+}\right)\right\} \tag{3}$$

ここで，γ_{SL}は固液界面（基材と接着剤間の界面）の界面自由エネルギーである。また，(1)および(2)式に含まれるγ^d，γ^pとγ^hは表面自由エネルギーの極性成分と水素結合成分である。一方，(3)式はFowkesの酸・塩基仮説に基づくものであるが，この式ではvan der Waals力をLifshitsモデルで表しており，表面自由エネルギーのvan der Waals項としてγ^{LW}を用いている。γ^+とγ^-は表面自由エネルギーの酸・塩基相互作用項である。

酸・塩基相互作用をあたかも特別な接着メカニズムが働いているかのように説明する専門書が過去には存在したことから誤解されることがあるが，Fowkesは界面結合形成を合理的に説明するためのモデルとして酸・塩基仮説を提案したに過ぎないということを本稿では強調しておきたい。

4.2 溶解度パラメータ

拡張Fowkes式では固液界面での相互作用を原理に即してモデル化が試みられてきたが，これらの式で用いられている固体の表面自由エネルギーおよびその構成成分は接触角測定に基づいて見積もる必要があるなど，接着剤開発に携わっている技術者にとっては必ずしも使い勝手のよい式とは言えない。そこで，接着界面での相互作用を考察する際に参考になる簡便なパラメータとして溶解度パラメータ（SP）も用いられてきた。

分子iの溶解度パラメータδ_iは凝集エネルギー密度c_{ii}の平方根で定義されるが，測定可能なパラメータである蒸発エネルギーΔE_i^vを用いて(4)式のように表される。

$$\delta_i = (c_{ii})^{1/2} = (\Delta E_i^v / V_i^\circ)^{1/2} \tag{4}$$

ここで，V_i°は分子容である。また，溶解度パラメータと表面自由エネルギーには相関関係があ

第1章　接着・接合技術のための化学結合論

ることも指摘されており，いくつかの経験式も提案されている。

　溶解度パラメータの値は，分子が有する化学的相互作用の発現能力によって決まると考えられる。したがって，溶解度パラメータを表面自由エネルギーの場合と同様にいくつかの結合成分に分けて整理することも行われている。Hansenは，溶解度パラメータを分散成分 δ_d，極性成分 δ_p，水素結合成分 δ_h の3成分に成分分けするHansen溶解度パラメータ（HSP）を提案している[6]。

$$\delta = \delta_d^2 + \delta_p^2 + \delta_h^2 \tag{5}$$

溶解度パラメータの各成分の大きさが近い分子の組み合わせの場合，相溶性が高いと判断できる。接着性の観点から考えると，溶解度パラメータの各成分の大きさのマッチングが良いほど接着性が高くなる。

　溶解度パラメータの値についてはデータベースの整備が進められているほか，分子構造の情報から推算する方法も提案されている。また，Hansenらが開発した，HSPの推算やデータ整理機能を有したデータベースソフトも市販されている。固体表面と液体（接着剤）の溶解度パラメータが明らかになっているならば，溶解度パラメータのマッチングから接着性を判断できると考えられるが，固体表面の溶解度パラメータを決定する方法は未だ確立されていない。しかし，固体表面の表面処理剤の分子と接着剤分子の相互作用を溶解度パラメータから推測し，接着性を議論することは可能である。

　計算機の演算能力が向上した現在では，量子化学シミュレーションにより接着界面の状態を分子軌道論に議論することが可能になってきた。しかし，溶解度パラメータや表面自由エネルギーに基づくモデル化の考え方は簡便で適用範囲も広いので，今でも研究開発の現場でよく用いられている。

4.3　古典モデルの適用限界

　拡張Fowkes式や溶解度パラメータの式の導出については割愛したが，ここでこれらの古典モデルの前提条件について考えてみたい。これらの古典モデルはいずれも正則溶液近似に基づいている。理想溶液の場合には，分子間に相互作用は存在せず，分子は完全にランダムに混ざり合うと仮定する。一方，正則溶液では分子間相互作用は存在するが，分子は理想溶液の場合と同様に完全にランダムに混ざり合うと仮定する。厳密にはこの正則溶液の仮定が適用できるのは，分子間相互作用としてvan der Waals力の分散効果のみが働いている場合に限られる。しかし，実際には正則溶液近似を極性相互作用（配向効果，誘起効果）や水素結合まで拡張して適用することが行われている。また，金属材料分野で研究されている計算状態図（CALPHAD）[7]では正則溶液近似に基づいたアルゴリズムが使用されている。

　基材の表面処理に用いたシランカップリング剤の反応性官能基とエポキシ樹脂などの熱硬化性樹脂の間で化学反応が誘導されることで強固な結合が得られることは以前から知られていた。近年，この現象をさらに進化させた分子接着技術が新しい異種材料接着技術として注目を集めてい

る。このように強い界面相互作用により化学反応が誘導される場合については明らかに正則溶液近似が破綻することになるので，古典モデルを用いた議論には限界があると考えられる。化学反応が誘導される前の基材表面と接着剤の親和性を考察する際には古典モデルは有効であるが，化学反応を伴う界面結合形成に対して正則溶液近似を適用することは困難である。

5 分子軌道論に基づく界面結合形成の解析

5.1 酸・塩基仮説の考え方

拡張Fowkes式やHansen溶解度パラメータなどの正則溶液近似に基づく古典理論では，界面相互作用を基本的に分散成分，極性成分，水素結合成分の和として表現している。この成分分けの是非についても根本的な議論が存在する[8]が，本稿では割愛する。いずれにしても，このようなモデルには適用限界が存在している。

Fowkesが提唱した酸・塩基仮説は古典モデルの中では特異な存在であると言えるが，彼がこの仮説を考えた背景には，界面相互作用を実態に近い形でモデル化し，接着理論を拡張性の高いものに進化させようとする考えがあったのではないかと筆者は感じている。FowkesがFowkes式を最初に提案した際，分散効果のみが働く系を仮定して式の導出が行われた。また，(1)式や(2)式のような式の拡張に関して，Fowkesは批判的な態度をとっていた。これらのことから，Fowkesは正則溶液近似に基づく古典モデルの限界を意識していたことが読み取れる。

分子軌道論から接着・接合界面での現象を解析する立場から見ると，Fowkesの酸・塩基仮説は他の拡張Fowkes式のような古典モデルと分子軌道論の中間に位置するという見方もできる。後述するように，分子軌道論ではHOMO（最高占有分子軌道）とLUMO（最低非占有分子軌道）間での電子移動に基づいて接着・接合界面での化学的相互作用を解析する。このフロンティア分子軌道間での電子のやり取りを古典論的に表現した考え方がLewis酸・塩基の概念に相当する。Fowkesは分子軌道論に基づく界面相互作用の基本概念を古典論的に表現するモデルとして酸・塩基仮説を提唱したものと筆者は理解している。

5.2 分子軌道論に基づく界面相互作用の解析

2つの分子間での化学的相互作用を考える場合，それぞれの分子のHOMOとLUMOは相互作用による摂動を最も受ける軌道であり，フロンティア分子軌道と呼ばれている[1,9,10]。図10(a)に2つの分子の分子軌道を模式的に示す。この図で①と記している軌道間相互作用では，分子1のHOMOから分子2のLUMOへの電子移動が起こるため，分子1がLewis塩基（電子供与体），分子2がLewis酸（電子受容体）となる。一方，②の軌道間相互作用では分子2のHOMOから分子1のLUMOへの電子移動が起こるため，分子1がLewis酸，分子2がLewis塩基ということになる。この2つの軌道間相互作用により分子間に新たな結合（結合性軌道）が形成されることになる。

第1章　接着・接合技術のための化学結合論

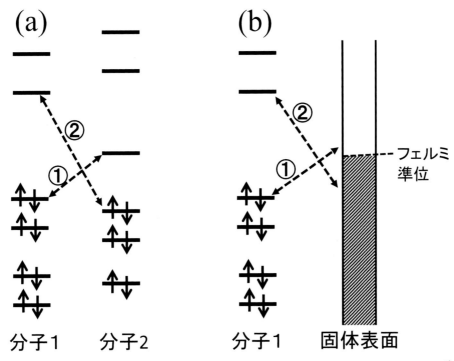

図10　(a) 2つの分子間および(b)分子と固体表面の間でのフロンティア軌道間相互作用の概念図[9]

　固体表面／分子間や，固体表面／固体表面間での化学的相互作用も同様にフロンティア軌道論に基づいて考えることができる。図10(b)には，例として分子と金属表面の間の化学的相互作用について模式的に示している。この場合でも，分子のHOMOと金属のフェルミ準位より上の空軌道の間および金属のフェルミ準位近傍の占有軌道と分子のLUMOの間で電子移動を伴う軌道間相互作用が見られる。このような軌道間相互作用は，固体表面の反応サイトと分子が0.2～0.5nm程度の距離まで接近した場合に顕在化する。

　このようなフロンティア軌道間の相互作用により固体表面と分子の間には新たな結合が形成されることになるが，同時に固体表面や分子中の結合状態にも変化が現れる[8]。固体表面と分子間の結合性相互作用が現れると固体表面や分子中の化学結合力が弱まる傾向があり，固体表面／分子間の相互作用が強いほどこの傾向は顕著になる。最終的には，表面構造の再構成や分子中の結合が切断されるなどの変化が起こることになる。

　分子軌道論を用いると「共有結合」，「イオン結合」，「金属結合」などの化学結合を統一的に扱うことができることを上で述べたが，界面相互作用によって生成する結合に関しても全く同様の取り扱いができる。

5.3 電子の化学ポテンシャル

フロンティア分子軌道間の電子移動に基づいて接着・接合界面の形成が始まると考えると，界面反応性の理論解析も可能になってくる。この理論解析を行う上での重要なパラメータが化学ポテンシャルとその微分項である。

化学ポテンシャルはGibbsによって導入された熱力学パラメータであるが，電子系に対しても定義することが可能である[1]。密度汎関数理論で定義される化学ポテンシャルμは絶対零度ではフェルミエネルギー（分子ではHOMOのエネルギー）に相当するパラメータとして考えることができ，(6)式のように近似される。

$$\mu \approx -(I+A)/2 \tag{6}$$

ここで，IとAはそれぞれイオン化ポテンシャルと電子親和力である。

一方，Mullikenの電気陰性度χ_Mの定義は(7)式である。

$$\chi_M = (I+A)/2 \tag{7}$$

(6)式と(7)式を比較すると，

$$\mu \approx -\chi_M \tag{8}$$

となる。つまり，電子の化学ポテンシャルは電気陰性度の符号を反転させたものと等しいということになる。現象論的に考えれば，電子の化学ポテンシャルはその物質から電子が放出される傾向の大きさの尺度ということであり，電気陰性度は電子を引き付ける傾向の大きさの尺度と解釈することができる。言い換えるなら，化学ポテンシャルはLewis塩基性，電気陰性度はLewis酸性の尺度と考えることができる。

5.4 電子の化学ポテンシャルの微分による反応性指標の導入

化学ポテンシャルμは，電子数Nと電子の空間座標rに依存する外部ポテンシャル（Coulombポテンシャルなど）vの関数であるが，Nに関する偏微分項$(\partial\mu/\partial N)_v$を用いると物質の反応性の指標である絶対的硬さ$\eta$と絶対的軟らかさ$S$を定義することができる[1]。

$$\eta = 1/2 \, (\partial\mu/\partial N)_v = 1/2(\partial^2 E/\partial N^2)_v \tag{9}$$

$$S = 1/2\eta = (\partial N/\partial \mu)_v \tag{10}$$

ここで，Eは固体あるいは分子の中の電子の全エネルギーである。硬さが小さい（軟らかさが大きい）ということは電子移動を起こしやすい，すなわち反応を起こしやすいということ意味しており，一つの反応性指標になる。

固体や分子は複数の原子から構成されているが，異なる電気陰性度（化学ポテンシャル）を有する原子が集合した場合，各原子（官能基）は独自の性質を保持しているものの，固体や分子全

体では電気陰性度(化学ポテンシャル)が均等化する(電気陰性度均等化の原理)。この原理に基づいて考えると,(9)式および(10)式で定義した硬さや軟らかさは固体や分子全体の反応性(ユニバーサルな反応性)を示す指標であることが理解できる。したがって,これらの値を用いて固体や分子の局所的な反応性を議論することはできない。

　固体や分子の局所的な反応性を議論するための指標として導入されたのが,Fukui関数である[1]。空間座標に依存する局所的な電子密度 ρ を用いて,Fukui関数 f を定義する。

$$f(r) = [\partial \rho(r)/\partial N]_v \tag{11}$$

Fukui関数は,反応の種類に対応して3つの形式に分けて計算することができる。それぞれの形式のFukui関数は近似的に以下のように表すことができる。

$$f^+(r) \approx \rho_{LUMO}(r) \tag{12}$$
$$f^-(r) \approx \rho_{HOMO}(r) \tag{13}$$
$$f^0(r) \approx 1/2[\rho_{LOMO}(r) + \rho_{HOMO}(r)] \tag{14}$$

これらのFukui関数は固体や分子中の各原子の反応性指標となる。$f^+(r)$,$f^-(r)$,$f^0(r)$ はそれぞれ,電子供与性の高い物質(Lewis塩基)との反応性,電子受容性の高い物質(Lewis酸)との反応性,ラジカルとの反応性を表す指標になる。Fukui関数は,固体表面や分子を構成する各原子について求めることができるので,それぞれの原子の(反応性指標としての)軟らかさを表すパラメータとなる。したがって,Fukui関数を用いることで固体表面や分子のどの部分がどのような反応を起こしやすいかということを予測することが可能になる。

　これらの反応性指標については産業応用を含む様々な問題への適用が検討され始めている[11]が,今後,接着・接合界面の問題への応用が進められることに期待したい。

5.5　フロンティア分子軌道論と酸・塩基仮説の比較

　ここで分子軌道論とFowkesの酸・塩基仮説を比較して整理する。上記のフロンティア分子軌道論に基づく議論で,酸・塩基仮説に含まれる酸・塩基相互作用項の起源を明らかにすることができた。

　しかし,実際の接着・接合界面ではvan der Waals力による相互作用を無視することはできない。FowkesはLifshitsモデルを用いることでvan der Waals力を酸・塩基仮説の中に組み入れた。一方,電子状態シミュレーション(密度汎関数法)に用いられるコーン・シャム法においてはvan der Waals力のうち,配向効果と誘起効果の影響は組み込まれているが,分散効果は計算に含まれていない。そのため,分散力を厳密に再現することを目的としたシミュレーションを行うためには,分散効果を摂動として組み込むなどの相関汎関数の補正[2]が必要である。

　いずれにしても,分子軌道論に基づく界面相互作用の基本概念を古典論的に表現しようとしたモデルが酸・塩基仮説であるということを,以上の議論から理解することができる。

5.6 現実の系で界面電子移動が発現する条件

　接着・接合界面で電子移動を起こすことが結合性分子軌道を有する結合を形成させるための必要条件であることが，フロンティア分子軌道論に基づく議論から明らかになった。ここで2つの固体あるいは分子の界面において電子移動を起こすための条件について考えてみる。

　図10(a)および(b)にはHOMOとLUMOの相互作用を模式的に示したが，エネルギー保存の観点から化学結合形成が起こる界面ではエネルギーの異なる軌道への電子移動は起こりえないと考えられる。これは，電子と原子核の運動の緩和時間を比較すると，電子の緩和時間のほうが桁違いに短いため，電子移動によって生じる余剰エネルギーを原子核の運動により吸収することができないためである[12]。そのため，結合形成のための電子移動に際しては，相互作用する軌道のエネルギーレベルが一致している必要がある。この制約が電子移動に関するエネルギー障壁（反応障壁）の原因となる[8]。

　固体表面や分子が接近すると，これらの分子軌道の状態は外部ポテンシャルの変化により変化する。この軌道の状態変化により電子移動が可能となる状況が生み出され，結合性軌道が形成される（混成軌道の形成）ことにより結合形成に至ると考えられる。分子軌道シミュレーションの結果から推察すると，多くの場合，このような軌道の変化は約0.5nm以下まで固体表面または分子が接近すると顕在化する。

　森は，熱力学的考察に基づいて固体表面や分子間の距離に着目した統一的接着理論を提案している[13]。結合形成に至るエネルギー障壁に関する議論もさらに必要であると思われるが，この理論においても結合形成が起こる距離は0.2～0.5nmと想定されている。これは分子軌道間相互作用が起こる距離としては量子化学的に見ても妥当であると考えられる。

6　おわりに

　本稿では，接着・接合界面での化学的相互作用を理解するために役に立つと思われる化学結合論の考え方を整理した。初等レベルの教科書では化学結合を「共有結合」，「イオン結合」，「金属結合」などに分類し，それぞれ別々のメカニズムによって形成される結合のように取り扱われている。しかし，分子軌道論に基づいて整理するとすべての化学結合は統一的に議論できる。さらに異相界面における化学的相互作用に関する議論のためのツールとしても分子軌道論は有効である。

　しかし，接着・接合界面で誘導される現象が複雑である場合が多いため，密度汎関数法による分子モデルのシミュレーションだけでは十分な説明ができないこともある。場合によっては古典モデルに基づく解釈のほうが有用な情報を与えることすらある。したがって，古典論から分子軌道論に至る化学結合論の理論体系を理解したうえで，検討課題ごとに化学結合モデルを適切に使い分けて解析を行う必要がある。ナノスケールでの精緻な界面制御の重要性が高まりつつある状況を考えると，今後の接着・接合技術の開発においては化学結合論を上手に使いこなすことが不可欠となると思われる。

第1章　接着・接合技術のための化学結合論

文　　献

1) a) R. G. Parr, W. Young, Density-Functional Theory of Atoms and Molecules, Oxford University Press (1989), b) R. G. パール, W. ヤング（狩野覚, 関元, 吉田元二　監訳), 原子・分子の密度汎関数法, シュプリンガー・フェアラーク東京 (1996)
2) 常田貴夫, 密度汎関数法の基礎, 講談社サイエンティフィク (2012)
3) 足立裕彦, 田中功, 量子材料学の初歩, 三共出版 (1998)
4) J. N. イスラエルアチヴィリ,（大島広行　訳), 分子間力と表面力　第3版, p.89-109, 朝倉書店 (2013)
5) 井上雅博, 界面相互作用を理解するための接着理論の基礎, エレクトロニクス実装学会誌, **19**, 86-90 (2016)
6) C. M. Hansen, Hansen solubility parameters, 2nd ed., CRC Press (2007)
7) N. Saunders, A. P. Miodownik, CALPHAD (Pergamon Materials series vol.1), Elsevier (1998)
8) 井本稔, 表面張力の理解のために, 高分子刊行会 (1993)
9) R. ホフマン（小林宏, 海津洋行, 榎敏明　共訳), 固体と表面の理論化学, 丸善 (1992)
10) 友田修司, フロンティア軌道論で化学を考える, 講談社サイエンティフィク (2007)
11) P. K. Chattaraj (ed.), Chemical reactivity theory, CRC Press (2009)
12) 渡辺正, 中林誠一郎, 電子移動の化学, p.126-156, 朝倉書店 (1996)
13) 森邦夫, 21世紀の接着技術　－分子接着剤－, 日本接着学会誌, **43**, 242-248 (2007)

第2章　異種材料接合界面の力学

立野昌義*

1　はじめに

　異材接合体とは，材料の短所を補い互いの長所を活用しながら強度特性の改善や新たな機能を付与することを主な目的として，異なる性質や特性を有する複数の材料が接合され構造体として適用される材料を指している。近年信頼性の高い異材接合体の需要が高まりつつある。

　従来までの構造材料には主に金属材料が使用されてきたが，単独の金属材料だけでは得られにくい材料特性の改善のために既存の材料同士を複合化して新素材として実用化することの必要性が増してきている。最近ではプラスチックなどの適用範囲の拡大に伴い，自動車部品やエレクトロニクス部品などに新機能を付加したプラスチック／金属接合材を含む製品も実用化されている。プラスチック以外にもセラミックスの品質や材料特性が高度化したこともあり，金属材料やプラスチックとセラミックスを複合化した異材接合体の開発の必要性も高まりつつある。

　しかしながら，接合する材料の組み合わせによっては，接合界面の結合力が十分確保された状態でも力学的な信頼性を確保することが困難な場合もあり，異材接合体の実用化を図る上ではこれらにおける力学的な問題を十分に把握しておく必要がある。

　理論弾性論に基づけば，異材接合界面を構成する材料間の材料特性や物性差などが界面で不連続になることに起因して，界面端近傍の応力が無限大となる応力特異性が生じる[1〜26]ことが明らかにされている。これらを踏まえて，接合界面端の力学的挙動の評価に関する研究が盛んに行われ，設計および製造における多くの有用な知見が得られている。異材接合体を実用化する上では外力負荷に対する強さや破壊形態を把握しながら界面を含む構造物の強度支配因子を明確化しておくことが重要である。

　本章では異材界面端に生じる力学的な問題について概説し，材料特性や熱膨張係数の相違が特に著しい材料を接合する際の力学的な特徴を述べる。ここでは力学的な信頼性を確保することが特に難しいと思われるセラミックス／金属接合体（窒化けい素／ニッケル接合体）を例に挙げ，引張り試験結果やその破壊様式についても述べる。上記結果に基づいてセラミックス−金属接合界面端の応力集中や残留応力の低減を主眼においた課題について記述する。

---

*　Masayoshi Tateno　工学院大学　工学部　機械工学科　教授

第2章　異種材料接合界面の力学

2　異種材料接合界面端近傍における力学的問題点

2.1　異材界面端近傍の応力

　異材接合界面では材料が不連続になることから，異材接合体に外力が作用あるいは温度が変化することにより界面端近傍の応力場が特異性を有する[1～26]。界面端部における応力場は材料定数（縦弾性係数，ポアソン比）や接合界面端の幾何形状に依存することから，接合界面を構成する材料や形状によっては界面端の応力場が力学的に非常に厳しい状態となる。このため，外力の負荷条件や界面接合条件に対応した界面端近傍の応力状態を把握することが異材接合体を実用化する上で重要となる。

　界面の力学に関する研究では，結合力が確保された接合界面端の特異応力場がD.B.Bogy[11～13]により明らかにされ，これに基づく有用な結果[1,2,15～26]が多数報告されてきた。本節では異材接合界面端部の代表的なモデルを取り扱い，界面端部の力学的な特徴を記述する。

　理論弾性解析では主に図1のような二つの異なる均質等方性材料が接合界面で完全で接合した状態でかつ自由表面では変位の拘束がない二次元モデルが用いられている。このモデルに表面力が負荷した場合や一様に温度変化させた熱応力場の問題が取り扱われている。図1内記号E，ν，αはそれぞれの領域における弾性係数，ポアソン比および熱膨張係数であり，記号の添え字1，2は各領域の材料を表している。

　特に熱弾性問題における界面端の力学的特性は不連続な法線方向表面力を受ける静弾性問題の応力特異性と一致する[2,15,22]とされ弾性理論に基づき界面端の応力が導かれている。界面端近傍の応力σ_h（添え字のhはrr，$r\theta$，$\theta\theta$の方向成分を示す）は次式のように表せる。

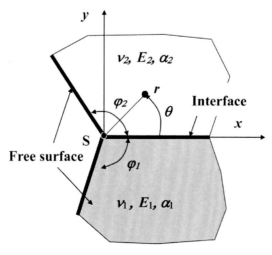

図1　異材接合体モデル

$$\sigma_h(r,\theta) = \sum_{j=1}^{n} K_{hj} \rho^{p_j-1} + K_{hpa} \tag{1}$$

ここで，pはBogyの導いた特性方程式を満足する根であり，$p-1$ ($=\lambda$) は応力特異性指数を示す。(2)式はBogyの導いた特性方程式であり，多くの論文に引用されているため概略のみを示す。特性方程式のj番目の根をp_j ($j=1, 2, \cdots, n$) とすると(1)式の異材界面端近傍における応力σ_hは(2)式の根p_jに対応した解の一次結合の形で表される。

根pは界面上における変位の連続性の条件から$0<\mathrm{Re}(p)$に存在し，(1)式の第一項目の根p_jに対する解K_{hj}はp_jに対応した特異場強さ，第二項目のK_{hpa}は根$p=1$に対する特解（定数項）を示す[2,9,19]。

(2)式で用いられるα，βはDundursの複合パラメータ[17]であり，(3)式により定義されている。kは剛性比G_1/G_2，mは(4)式により定義される。Gとνはそれぞれ横弾性係数，ポアソン比である。ρは接合端からごく近傍の距離rを接合材形状の基準長さa ($r<<a$) で除した無次元長さである。

$$\begin{aligned} &D(\varphi_1, \varphi_2, \alpha, \beta; p) = \\ &A(\varphi_1, \varphi_2; p)\beta^2 + 2B(\varphi_1, \varphi_2; p)\alpha\beta + C(\varphi_1, \varphi_2; p)\alpha^2 + \\ &2D(\varphi_1, \varphi_2; p)\beta + 2E(\varphi_1, \varphi_2; p)\alpha + F(\varphi_1, \varphi_2; p) = 0 \end{aligned} \tag{2}$$

$$\alpha = \frac{km_2 - m_1}{km_2 + m_1}, \quad \beta = \frac{k(m_2-2)-(m_1-2)}{km_2 + m_1} \tag{3}$$

$$m_i = \begin{cases} 4(1-\nu_i) & planestrain \\ 4/(1+\nu_i) & planestress \end{cases} \tag{4}$$

特異応力場を特徴づける根pは，各材料の材料定数を(3)式によって置き換えたDundursの複合パラメータα，β，および接合界面端の幾何形状φ_1，φ_2を(2)式に代入することで得られる。(1)式の第一項目の根が$0<\mathrm{Re}(p)<1$にあるときの界面端近傍の応力場はべき関数型の特異性$O(r^{p-1})$を示し，rが界面端に近づくほど応力がr^{p-1}に比例して増大し，$r\to 0$で$\sigma\to\infty$となる。$\mathrm{Re}(p)>1$のときはべき関数型の特異性が消失$O(1)$する。ただし，根pが(5)式を満足する場合は重根となり，対数型特異性$O(\log r)$を示すことが明らかにされている。

$$\left.\frac{dD}{dp}\right|_{p\to 1} = 0 \tag{5}$$

上記以外でも(2)式を満足する根が複素根$p=\xi+i\eta$となれば，振動しながら発散する振動応力特異場となる[1,2,15,22]。接合界面を構成する材料や形状によっては界面端が特異応力場となり，力学的に非常に厳しい状態となる。特異場強さK_{hj}や特解K_{hjpa}の詳細については既報[15,18]に記述されている。

上記は熱応力問題の解として述べているが，温度分布がない状態であれば熱変形や熱ひずみを

第 2 章 異種材料接合界面の力学

考慮した境界条件および接合条件のみを変えた静弾性問題に帰着できるため,熱弾性問題と静弾性問題との特異応力場は適切な補正[25,26)]を考慮することで置き換えが可能である。したがって,異材接合体モデルの静弾性問題の界面端の応力特異性についても(1)式のような解の一次結合の形で表現できるため上記に基づき界面端の応力状態を予測できるとされている。

2.2 Dundursの複合パラメータ[17)]

二つの異なる材料を接合する際には通常各材料における弾性係数とポアソン比および各材料の界面端角度を取り扱う必要がある。Dundursの複合パラメータ[17)]を用いることにより各材料における四つの材料定数を二つのパラメータに置き換えることが可能となり,二次元界面端の特異応力場の判別やその特異応力場を特徴付けできる。

ポアソン比の範囲($0<\nu<0.5$)および界面を構成する一方の材料が剛体という制約($0<G<\infty$)を考慮すれば,パラメータ α と β が取り得る範囲はそれぞれ $-1.0 \leq \alpha \leq 1.0$,$-0.5 \leq \beta \leq 0.5$ となる。実際に特性方程式の根が様々な実数根や複素根を含むため,界面端の幾何条件を定めれば特異性が出現する領域や消失する領域の判別ができる。

自由縁と界面とが直交する接合体形状 $\varphi_1 = \varphi_2 = \pi/2$ とした場合の応力特異場の判別は次式による[1,22)]。

$\alpha\,(\alpha - 2\beta) = 0 : p - 1 = 0 :$ equal pair
$\alpha\,(\alpha - 2\beta) < 0 : p - 1 > 0 :$ 特異性が消失する組み合わせ
$\alpha\,(\alpha - 2\beta) > 0 : p - 1 < 0 :$ 特異性が発生する組み合わせ

2.3 特異応力場

材料の組合せに対応した界面端の力学的特性が変化する様子を $\alpha - \beta$ 平面を用いて把握できる[13,17)]。界面端形状 $\varphi_1 = \varphi_2 = \pi/2$ における $\alpha - \beta$ 平面上に応力特異性指数の分布を図2に示す。図には応力特異性指数 $p-1=\lambda$ の分布を表示しており,α,β の組み合わせにより特異応力場の発生および消失(網掛け部)する領域を識別できるようにしている。

既報[13,17)]に記述された方法に基づけば,図3に示すような $\alpha - \beta$ 平面上に剛性比 k とポアソン比を用いた材料の組み合わせとの対応を示すことが可能となる。図には k を一定条件 $G_1/G_2 = 1$,2,3,10(0.50,0.33,0.10の逆対称)とした時の取りうる範囲の境界を点線で示し,四つのポアソン比の組合せ(($\nu_1=0$,$\nu_2=0$),($\nu_1=0$,$\nu_2=0.5$)および($\nu_1=0.5$,$\nu_2=0$),($\nu_1=0.5$,$\nu_2=0.5$))を示している。図2と図3を対応させることにより,特異応力場が生じる材料の組み合わせが予測可能となる。

図4には参考までに機械構造用セラミックス Si_3N_4 の弾性定数($E_1 = 330\mathrm{MPa}$,$\nu_1 = 0.27$)と $\varphi_1 = \varphi_2 = \pi/2$ となる界面幾何条件を想定し,相手材料の材料定数を様々な組み合わせ($10^{-3} < E_2/E_1 < 10^0$,$\nu_2 = 0.1$,0.3,0.49)に想定したときの応力特異性指数に及ぼす E_2/E_1 の影響を示している。

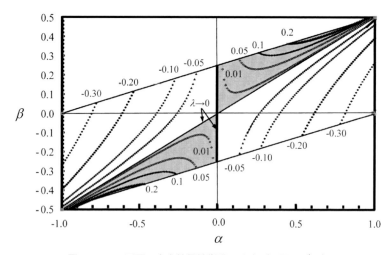

図2　α-β平面の応力特異性指数の分布（平面ひずみ）

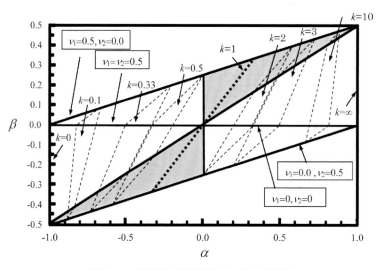

図3　α-β平面と材料組み合わせとの対応

　自由縁と界面とが直交する接合体形状（$\varphi_1 = \varphi_2 = \pi/2$）においては，セラミックスを相手材とする接合界面端では特異応力場となる場合がほとんどであり，実際にセラミックスを含む異材接合体を設計および製造する際にはその界面端が力学的に厳しい応力場を形成することが予想される。

　特性方程式の根は，(2)式よりαおよびβの他に界面端を構成するくさび角φ_1，φ_2にも依存する。このことに着目し，界面端角度を一定条件$\varphi_1 + \varphi_2 = \pi$における特異場応力の出現および消失条件が明らかにしている[13, 16, 23, 24]。図5には，一例として界面端角度を$\varphi_1 = \pi/3$：$\varphi_1 + \varphi_2 =$

第2章　異種材料接合界面の力学

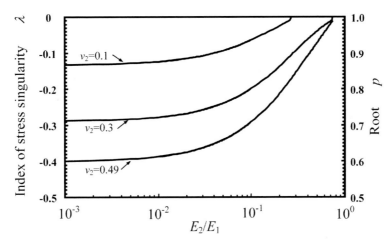

図4　応力特異性指数に及ぼす材料の組み合わせの影響
($E_1 = 330\text{MPa}$, $\nu_1 = 0.27$)

πとしたときの実数根のみに着目した特異性指数の分布および特異応力場の発生および消失条件を$\alpha-\beta$平面上に示している。

図2，3および図5を比較することにより，自由縁と界面とが直交する条件下$\varphi_1 = \varphi_2 = \pi/2$で特異応力場が発生する材料の組み合わせでも，界面端幾何条件を変えることで特異応力場が消失することが確認できる。特異応力場を消失あるいは特異応力場の応力特異性指数を低減できれば接合界面端の力学的信頼性が向上する可能性もあるため，界面端形状の適切な修正は異材接合体の力学的信頼性向上に有効な方法の一つと言える。

上記は$\varphi_1 = \pi/3$：$\varphi_1 + \varphi_2 = \pi$の例であるが，界面端幾何条件，材料定数の組み合わせごとに特異応力場の発生および消失条件が異なるため$\alpha-\beta$平面を用いる以外でも弾性係数E_1，E_2を用いた整理[19]も行われている。そこでは弾性係数の比率とくさび角φ_1，φ_2の選択により応力特異場の発生・消失条件（$\varphi_1 + \varphi_2 = \pi$，$\nu_1 = \nu_2 = 0.3$）を把握できるように工夫されている。上記の整理方法に基づき，セラミックスを含む接合体を組み合わせた条件（$\varphi_1 + \varphi_2 = \pi$，$\nu_1 = 0.27$，$\nu_2 = 0.3$）を想定し，応力特異場の発生・消失条件[21]をまとめた（図6）。図6(a)には$\varphi_1 + \varphi_2 = \pi$，$\nu_1 = 0.27$，$\nu_2 = 0.3$における$\varphi_1$と応力特異性指数との関係を示し，図6(b)には弾性係数の比率を用いた応力特異場の発生・消失条件を示す。特異応力場に関する情報を限定された界面端幾何条件下であるが，広範囲の材料の組み合わせにおいて応力特異場の発生および消失条件の目安を与えるものと考えられる。

3　セラミックス／金属接合体の引張り強度と破壊様式
3.1　接合体引張り強度および破壊様式に及ぼす接合処理温度の影響

導電性セラミックス窒化けい素／ニッケルSi_3N_4/Ni接合体の引張り強度に及ぼす接合処理温度

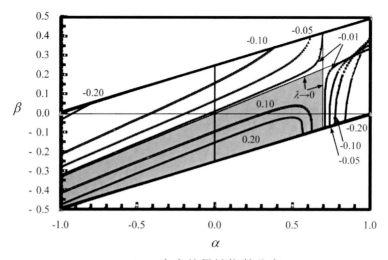

(a) 応力特異性指数分布

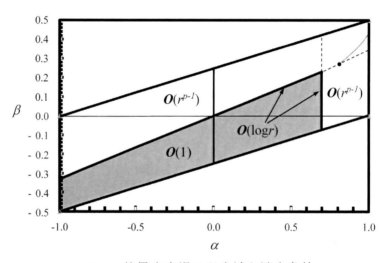

(b) 特異応力場の発生域と消失条件

図5　$\alpha - \beta$ 平面における特異応力場
（$\varphi_1 = \pi/3$：$\varphi_1 + \varphi_2 = \pi$ の場合）

の影響および接合体の破断形態の代表例[14]を示す。

　窒化けい素平板およびニッケル平板からワイヤーカット放電加工機にて試験片を切り出し，活性金属ろう材Ag-Cu-Ti系合金箔を用いた接合処理（温度：700℃ $\leq T \leq$ 1020℃，保持時間10分間保持後に炉内にて炉冷）を行い，Si_3N_4/Ni接合体試験片を製作した。接合処理後の接合体をそのまま引張り試験に供した。接合体試験片の界面形状は界面と自由表面とが直交する形状（$\varphi_1 = \varphi_2 = \pi/2$）とした。

第 2 章　異種材料接合界面の力学

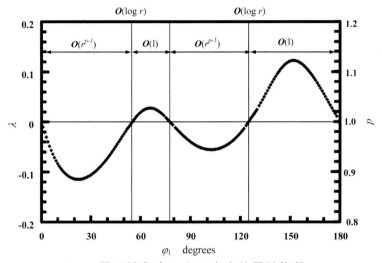

(a)　界面端角度による応力特異性指数

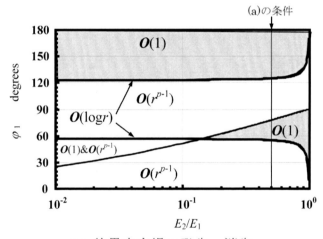

(b)　特異応力場の発生・消失

図 6　特異応力場の発生および消失条件
（$\varphi_1 + \varphi_2 = \pi$，$\nu_1 = 0.27$，$\nu_2 = 0.3$の場合）

　接合体の引張り強度と接合処理温度との関係を図7に示す。この結果から760℃≦T≦1020℃の接合処理した接合体試験片は窒化けい素側接合界面端およびそのごく近傍を起点として破壊したことが確認できた。この破壊様式の代表例として，接合処理温度でT=880℃で製作した試験片の破壊様式を図8に示す。この破壊様式は接合界面端のごく近傍を起点として窒化けい素内部をえぐるように破壊した。接合処理温度760℃≦T≦1020℃ではセラミックス側面端近傍を起点とした同様な破壊様式を示した。図7内にはこの破壊様式を黒塗りで示している。図内白塗り

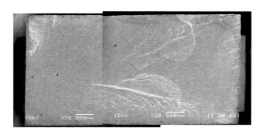

(a) セラミックス側の破断面

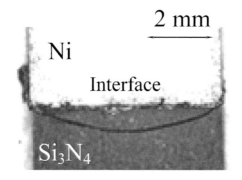

(b) セラミックス側界面端を起点
とした破壊

図7 破壊様式の代表例（接合処理温度880℃）

で表示されたプロットはろう材とセラミックスの接合界面が剥離した形跡が確認された試験片である。

外力負荷に対する抵抗の最も低い領域で破壊するという観点から，セラミックス側界面端の応力状態（応力集中や残留応力など）により接合体強度が支配される。接合処理温度の上昇に伴い接合体強度が低下する傾向は接合界面端近傍の残留応力が温度降下量ΔTの増大に比例したことにより生じたものと推察される。このためセラミックス／金属接合体においては接合界面の結合力が十分確保されれば界面端近傍には応力が集中する形でセラミックス側の界面端自由表面上に分布することが予想される。

接合処理温度700℃$\leq T \leq$740℃としたときの破壊様式はろう材とセラミックスの界面で剥離が発生した形跡が認められるため，接合体強度が接合界面の結合力で支配されたと言える。この範囲において接合温度の上昇に伴い接合体強度が向上する理由は，接合温度の上昇に伴い界面結合力が上昇したことに起因するものと推察される。

接合体強度の最大値は界面の結合力が確保できかつ残留応力で強度が支配される境界の温度域に対応する。これは破壊様式が遷移する接合処理温度に対応し，Si_3N_4/Ni接合体の最大強度が確

第2章　異種材料接合界面の力学

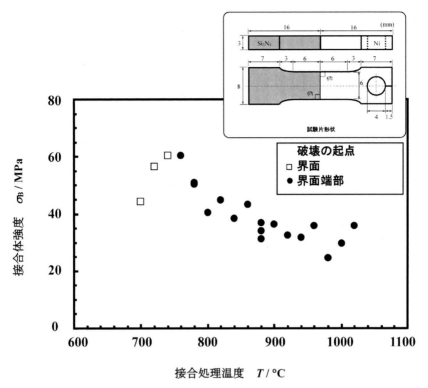

図8　接合体強度に及ぼす接合処理温度の影響

認できる接合処理温度は$T=760℃$付近である．窒化けい素／ニッケル接合体を用いる限り他の液相線温度の異なるろう材を用いた異材接合試験片の破壊様式および接合体強度についても上記と同様な接合処理温度依存性を示した．

高強度セラミックス／金属接合体の設計・製作の観点から，界面結合力が確保できる温度領域でかつ界面端残留応力による強度低下が最小限となる接合温度域に設定することが有効である．

界面端の幾何条件を変えた際に応力特異性指数の低減や応力特異性が消失することも認められるため，セラミックスを含んだ異材接合体を設計する際には界面端の幾何条件を変更することも信頼性を確保する上では重要であると考えられる．これに関しては異材界面端における特異場の力学の適用が可能と考えられる．

ただしセラミックス／金属接合体の破壊現象では，接合界面に沿った剥離や破壊も起こりうる．特に界面の結合力が不足するような破壊様式が生じる場合の力学的特性評価では，界面き裂を想定し応力拡大係数を用いる評価が必要となる．それとあわせて界面強度の評価方法や残留応力の関与などを検討する必要があると考えられるが，それらは今後の課題となり得る．

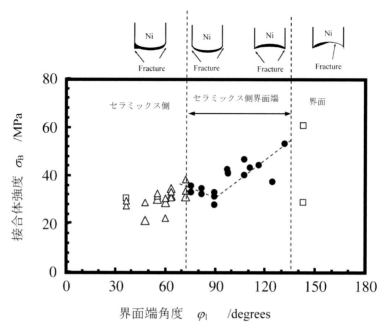

図9　接合体強度に及ぼす界面端形状の影響
Si$_3$N$_4$/Niの接合処理温度900℃

3.2　接合体引張り強度に及ぼす接合界面端形状の影響

接合界面形状を操作した実験例として，界面形状を円弧状に加工した平板Si$_3$N$_4$/Ni接合体の強度に及ぼす界面端形状の影響[14]を示す。界面形状を特徴付ける因子を界面端における円弧の接線と各材料の自由表面とのなす角度（界面端角度）とし，セラミックス側および金属側の界面端角度をそれぞれφ_1およびφ_2とした。

接合体界面の幾何条件を$\varphi_1 + \varphi_2 = 180°$と一定とし，界面の円弧半径$R$を5 mm$<R<\infty$mmにすることで界面端角度$\varphi_1$を36.9°$<\varphi_1<$143.1°に設定した。Si$_3N_4$とNiの界面は同一半径を有する円弧なので，一方の界面を凸または凹状に設定して他方をその逆に加工することで双方の円弧状界面を密着できるようにした。Si$_3$N$_4$界面は$\varphi_1<90°$では凹状となり$\varphi_1>90°$では凸状となる。

Si$_3$N$_4$/Ni接合界面の結合力が確保できる$T=900℃$にて接合処理した異材接合体を製作し，接合体引張り強度σ_Bに及ぼす界面端形状φ_1の影響を図9に示す。図には破壊様式の概略も合わせて示した。破壊様式は図上左から"Si$_3$N$_4$自由表面を基点として破壊が進展した様式"，"界面端付近のSi$_3$N$_4$側から破壊進展した様式"，Si$_3$N$_4$とろう材界面を基点とした破壊様式"とし，破壊様式を識別できるようにした。

75.5°$\leq \varphi_1 \leq$131.8°ではSi$_3$N$_4$側界面端およびその近傍を起点としSi$_3$N$_4$側で破壊する。引張り負荷に対する抵抗が最も弱い部分から破壊する観点から，この範囲内の引張り強度は接合界面端の残留応力の影響が関与したと推察される。界面端角度$\varphi_1=90°$からφ_1を増大または減少させる

に伴い引張り強度σ_Bが上昇する理由はφ_1の変化に伴い界面端部引張残留応力が低減するためであると推察される。

$\varphi_1 < 90.0°$において，φ_1の減少は残留応力低減に有利であるが，必要以上にφ_1を減少させても（この場合$\varphi_1 \leq 72.1°$）接合体強度の向上には結びつかない。

$\varphi_1 > 131.8°$では$\varphi_1 = 143.1°$で最大引張り強度$\sigma_{Bmax} = 60.1 MPa$を記録したが，同時に低い接合体強度も含む。この範囲における接合体の破壊様式は，Si_3N_4とろう材との界面に剥離が生じた形跡が確認でき，最終的にSi_3N_4内をえぐるように破壊した。接合体の強度支配因子はいずれもろう材とSi_3N_4の結合力に支配されると言える。したがって，φ_1の増大はSi_3N_4側界面端の破壊に対する抵抗の増大に有効であると考えられるが，必要以上に界面端角度を減少および増大させると界面端残留応力以外の要因に依存することになり，必ずしも接合体強度の向上に結びつかない。このことからSi_3N_4/Ni接合体においては最大引張り強度が得られる最適界面端形状が存在することが明らかになる。

安定して高強度Si_3N_4/Ni接合体を得るには破壊様式が遷移する付近の界面端形状近傍に設定することが有効となる。このことからも特異場のパラメータと接合体強度との関連を明らかにする必要があり，現在さまざまな界面端形状に対して検証が行われている。

今後異材接合体の強さと応力特異場のパラメータとの関連が明らかになり，異材接合界面端の設計手法および評価手法が確立されれば，構造物設計への応用が期待できると考えられる。

4　おわりに

異材界面端に生じる力学的な問題について概説し，材料特性や熱膨張係数の相違が特に著しいセラミックス／金属接合体の破壊様式や強度試験結果など力学的な特徴を述べた。

接合界面端部の特異場近傍の応力場も理解されつつあるが，セラミックス／金属接合体などの異材接合体を積極的に活用し実用化する観点からは明らかにすべき点が多いのも現状である。

セラミックス／金属接合材に代表される異材接合体は今後使用範囲の拡大が望まれることから，各種材料の組み合わせ毎の試験片形状および接合条件下での破壊現象を明確にしながら，異材接合体の強さと応力特異場のパラメータとの関連を明らかにする必要がある。さらに，これらに基づく異材接合界面端の設計手法および評価手法の確立の他にも，使用環境を考慮した熱サイクル疲労特性，応力腐食割れなどの環境強度およびクリープ特性なども明らかにする必要がある。

異種材料接合技術 ―マルチマテリアルの実用化を目指して―

文　献

1) 結城良治，界面の力学，東京，培風館，pp.1-48, 62-63（1993）
2) 井上忠信ほか，異材界面端における熱応力場，材料，**48**(4), pp.365-375（1999）
3) 池上皓三，接着・接合界面の物理，材料，**48**(12), pp.1450-1455（1999）
4) 岡部永年ほか，セラミックス／金属接合構造体の強度信頼性評価－接合冷却過程での熱応力および残留応力挙動における基礎的検討－，材料，**49**(4), pp.461-467（2000）
5) 小林英男，溶接学会誌，**58**, pp.559（1998）
6) 高橋学ほか，セラミックス／金属接合部材の破壊強度データベースと強度解析，材料，**51**(1), pp.61-67（2002）
7) 村田雅人ほか，中間層を有する異材接合体の自由縁特異応力場の接合要素法による解析的検討（隣接特異点ならびに界面の相互干渉効果），日本機械学会論文集A編，**58**(556), pp.2401-2406（1992）
8) 荒居善雄ほか，セラミックス／金属接合残留応力の弾塑性特異性に及ぼす接合体寸法の影響，日本機械学会論文集A編，**59**(559), pp.627-633（1993）
9) 古口日出男ほか，セラミックス－金属接合体の端部形状修正による熱応力軽減に関する研究，日本機械学会論文集A編，**59**(558), pp.448-453（1993）
10) 伊藤義康ほか，接合界面形状適正化による摩擦圧接継手の衝撃強度の向上，溶接学会論文集，**19**(1), pp.122-128（2001）
11) D.B.Bogy, Edge-Bonded Dissimilar Orthogonal Elastic Wedges Under Normal and Shear Loading, Transactions of the ASME, pp.460-466（1968）
12) D.B.Bogy, I. J. Solid Structure, **6**. pp.1287,（1970）
13) D.B.Bogy, Two Edge-Bonded Elastic Wedges of Different Materials and Wedge Angles Under Surface Tractions, Journal of Applied Mechanics, pp.377-386（1971）
14) 立野昌義ほか，セラミック／金属接合体の引張強度に及ぼす界面形状の影響，材料試験技術協会，**50**(1), pp.14-20（2005）
15) 井上忠信ほか，異材接合体の界面端部における熱応力の理論解，日本機械学会論文集A編，**61**(581), pp.73-79（1995）
16) 陳玳珩ほか，直線縁で接合された二つのくさびにおける特異応力場，日本機械学会論文集A編，**58**(547), pp.457-464（1992）
17) J. Dundurs, *Journal of Applied Mechanics*, **36**, 650（1969）
18) 井上忠信ほか，異材接合端部における熱応力分布の特性（log r 型⇔r^{p-1}型の特異性の変化に対する熱応力分布の変化），日本機械学会論文集A編，**61**(591), pp.2461-2467（1995）
19) 久保司郎ほか，日本機械学会論文集A編，**57**(535), pp.632-636（1991）
20) 許金泉ほか，指数硬化異材界面端の弾塑性応力特異性解析法の提案，日本機械学会論文集A編，**66**(652), pp.2254-2260（2000）
21) 立野昌義，セラミックと金属材料との接合技術の開発，自動車技術，**61**(4), pp.60-67（2007）
22) 結城良治，許金泉，異材界面端の熱応力・残留応力の対数型応力特異性，日本機械学会論文集A編，**58**(556), pp.162-168（1992）

第2章 異種材料接合界面の力学

23) 陳玳珩, 西谷弘信, 表面力を受ける接合半無限板における対数形の特異応力場（第2報 一般解に基づく検討）, 日本機械学会論文集A編, **59**(566), pp.2397-2403（1993）
24) 陳玳珩, 対数形の応力特異性の生成条件, 日本機械学会論文集A編, **62**(599), pp.1634-1642（1996）
25) 井上忠信, 表面力を受ける異材接合体と温度変化を受けるそれの接合端における応力場の関係, 第1報, 応力場にr^{p-1}型の特異性が生じる場合, 日本機械学会論文集A編, **63**(609), pp.931-938（1997）
26) 井上忠信, 落合庄治郎, 北條正樹, 矢田敏夫, 表面力を受ける異材接合体と温度変化を受けるそれの接合端における応力場の関係, 第2報, 応力場に$\log r$型の特異性が生じる場合, 日本機械学会論文集A編, **63**(610), pp.1237-1242（1997）

第3章　金属と樹脂のレーザ接合における表面処理と接合強度

早川伸哉*

1　はじめに

　自動車や家電製品，医療器具など多くの機械，器具で金属製部品と樹脂製部品が組み合わされて使用されている。それらの接合には従来は接着剤やボルト締結が主に使用されてきたが，製品の軽量化や製造コストの低減が強く求められていることから，金属製部品と樹脂製部品を直接接合する技術に対する関心が高まっている。そうした中でレーザ照射によって熱的に接合するレーザ接合法の開発が筆者ら[1]や片山ら[2]，水戸岡ら[3]によって行われている。筆者らの方法の特徴は金属部材の接合面に微細な凹凸構造を形成する前処理を行うことであり，これによりレーザ光吸収率が増大するとともにアンカー効果が発現するため，相溶性のない異種材料の直接接合が実現している[1]。本稿では母材破壊が生じるほど強固な接合が達成される要因を接合面の微細構造から検討した成果を紹介する。

2　レーザ接合の原理

2.1　熱可塑性樹脂のレーザ溶着

　はじめに熱可塑性樹脂のレーザ溶着の原理[4]を図1(a)に示す。レーザ光を透過する熱可塑性樹脂（透明樹脂）とレーザ光を吸収する熱可塑性樹脂（着色樹脂）を重ねて透明樹脂側からレーザ光を照射すると，レーザ光は透明樹脂を透過して着色樹脂の表面（すなわち接合面）で吸収され

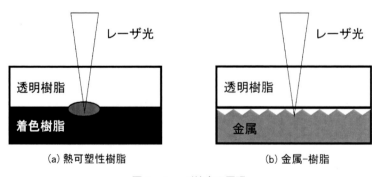

図1　レーザ接合の原理

＊　Shinya Hayakawa　名古屋工業大学　大学院工学研究科　電気・機械工学専攻　准教授

第3章　金属と樹脂のレーザ接合における表面処理と接合強度

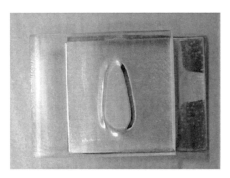

写真1　接合例（アルミニウム-アクリル）

る。それにより着色樹脂が局所的に発熱し，その熱が熱伝導によって透明樹脂にも伝わるため，両材料が接合界面で局所的に溶融して接合される。

　レーザによる加熱はこのように接合界面の温度を局所的に上昇させることができることが特長であり，外部からヒーターで加熱する方法や熱板溶着などと比較して製品の外観に損傷が生じないという利点がある。レーザ溶着の光源には波長が近赤外の半導体レーザが用いられることが多い。透明樹脂はレーザ光の波長を透過すればよいので，例えばポリアミドのように乳白色に見える材料などにも適用できる。

2.2　金属と樹脂のレーザ接合

　筆者らは前述のレーザ溶着法を金属と樹脂のような異種材料の接合に応用することを着想し，図1(b)に示すように接合する部材の一方の接合面に微細な凹凸構造を形成することでそれを実現した[1]。写真1はアルミニウムとアクリルをレーザ接合した例であり，中央部の涙形の領域が接合部である。この例ではレーザは照射スポット直径2mmで図の上側から下に向かって距離10mmを1回走査しているが，金属内の熱伝導が大きいためにレーザを照射した領域よりも広い範囲で温度が上昇して接合している。

　接合面に形成した微細凹凸構造にはレーザ光吸収率を増大させる作用とアンカー効果を発現させる作用がある[1]。そのため，熱伝導率が大きい金属製部品の場合でも接合に必要な温度上昇が比較的小さいレーザ出力で得られ，軟化あるいは溶融した樹脂が金属側の微細凹凸に流入することで強固な接合が達成されている。

　金属製部品と樹脂製部品をこのように直接接合できることは，製品の軽量化，意匠性の向上，製造工程の簡素化，材料のリサイクル性の向上などに寄与すると期待される。

2.3　接合面の到達温度

　筆者らのレーザ接合法では，接合面の温度が樹脂のガラス転移点や融点に達することが接合形成の目安となる。金属と樹脂を接合する場合の代表的な加工条件を表1に示す。本稿で紹介する

表1 レーザ接合の代表的な条件

金属材料	アルミニウム （板厚0.2mm×20mm×25mm）
樹脂材料	アクリル （板厚3mm×20mm×25mm）
レーザ種類	半導体レーザ （波長920nm）
レーザ出力	最大50W
照射スポット径	直径2mm
走査速度	1mm/s
走査距離	10mm
走査回数	片道1回
押え圧	1MPa

実験には波長920nmの半導体レーザを主に使用した。レーザ出力，照射スポット径，走査速度は金属接合面のレーザ光吸収率を考慮しながら上記の温度を目安に調整する。なお，接合面に隙間があると透明樹脂への熱伝導が生じず接合が行えないため，接合する試験片は油圧シリンダを用いた治具を使用して密着させる。

3 アルミニウムとアクリルの接合

アルミニウムとアクリルをレーザ接合した写真1の事例について，接合面の状態や接合強度などを調査した結果を紹介する。

3.1 金属接合面の前処理
3.1.1 サンドブラスト処理

筆者らのレーザ接合法では，金属接合面の前処理としてはじめにサンドブラスト処理を行う。この処理はレーザ光吸収率を向上させることと，次に述べる陽極酸化処理の前工程として素材表面の汚染層を除去することを兼ねている。サンドブラスト処理は材料の種類を問わず適用でき，レーザ光吸収率を向上させる効果が大きいが，アンカー効果は弱いため達成される接合強度は機械部品としての要求には不十分である（詳細は後述する）。

3.1.2 陽極酸化処理

強固な接合を達成するための前処理として，サンドブラストに引き続いて陽極酸化を行う。アルミニウムの陽極酸化は電解液にりん酸を使用するPAA法[5]を用いて行った。代表的な処理条件を表2に示す。陽極酸化の通常の手順では素材表面の汚染層を除去するための前工程として電解研磨などが行われるが，筆者らのレーザ接合ではレーザ光吸収率を向上させるためのサンドブ

第3章　金属と樹脂のレーザ接合における表面処理と接合強度

表2　アルミニウムの陽極酸化の代表的な条件

電解液	りん酸水溶液（8 wt%）
印加電圧	10Vまたは40V
処理時間	20分
処理温度	室温
前工程	サンドブラスト処理

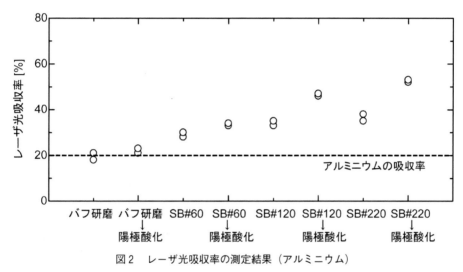

図2　レーザ光吸収率の測定結果（アルミニウム）

ラスト処理が汚染層の除去を兼ねている。

3．2　レーザ光吸収率

　表面処理したアルミニウムのレーザ光吸収率を測定した結果を図2に示す。図中のSB#60という表記は粒度#60の噴射剤を用いてサンドブラスト処理を行ったことを意味している。バフ研磨面の吸収率が母材の吸収率に等しいと考えると，陽極酸化を行っただけでは吸収率はほとんど向上しないことがわかる。一方，サンドブラスト処理には吸収率を向上させる効果があり，サンドブラスト処理を行ったうえに陽極酸化を行うと吸収率がさらに向上することがわかる。

3．3　接合強度

　レーザ接合した試験片の接合強度をせん断試験によって評価した。せん断荷重を徐々に増加させて試験片が破断したときの力を測定し，予め測定しておいた接合面積で除すことでせん断強度を算出した。なお，金属と樹脂のレーザ接合では写真1に示したようにレーザ照射面積よりも広い面積で接合する場合が多いため，接合領域を目視によって判断してその面積を概算で求めた。
　せん断強度の測定結果を図3に示す。微細凹凸をサンドブラストのみで形成した場合は接合強

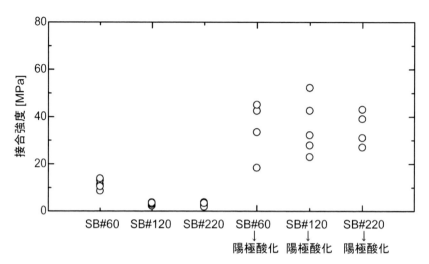

図3　接合強度の測定結果（アルミニウム-アクリル）

度が小さく，機械部品としての要求には不十分である．それに対して，サンドブラスト後に陽極酸化を行った場合は接合強度が大幅に向上し，接合部が剥離するのではなくアルミニウムまたはアクリルが母材破壊する場合があるほど強固な接合が達成された．なお，接合強度の測定結果のばらつきが大きい原因は，試験片ごとにレーザ光吸収率のばらつきがあること，レーザ照射時の接合領域内の温度が一様ではないため局所的な強度が異なること，接合面積の見積りの誤差があることなどが考えられる．

3.4　接合面の観察

陽極酸化したアルミニウムの表面にどのような微細構造が形成されており，レーザ接合によってその微細構造にアクリルがどの程度流入しているのかを確認するために，接合前のアルミニウムと接合後のアクリルの接合面の観察を行った．なお，この実験では陽極酸化の前工程にバフ研磨を用い，陽極酸化の処理条件は印加電圧40V，処理時間30分とした．

3.4.1　アルミニウムの接合面（接合前）

アルミニウムの陽極酸化層の構造を電子顕微鏡を用いて観察した結果を写真2(a)および(b)に示す．接合面を法線方向から見た写真2(a)より，陽極酸化によって直径約0.05μmの微細孔が無数に形成されていることが確認できる．また，断面観察を行った写真2(b)を見ると，この微細孔は表面から母材に向かって垂直に成長しており，その深さは約1.5μmであることが確認できる．

3.4.2　アクリルの接合面（接合後）

陽極酸化したアルミニウムとアクリルをレーザ接合し，接合後のアクリルの接合面を電子顕微鏡を用いて観察した結果を写真2(c)に示す．この実験ではレーザ接合した試験片を水酸化ナトリウム水溶液に浸漬してアルミニウムを溶出させることで，アクリルの接合面の形状を破壊せずに

第3章　金属と樹脂のレーザ接合における表面処理と接合強度

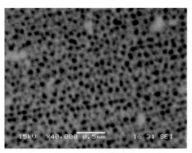

(a) アルミニウム表面（接合前）

(b) アルミニウム断面（接合前）

(c) アクリル断面（接合後）

写真2　接合面の観察結果

観察できるようにした。この写真から，アクリルの接合面には太さ約0.2μm，高さ約1.5μmの突起が剣山状に形成されていることがわかる。この突起はレーザ加熱によって溶融したアクリルがアルミニウム側の微細孔に流入することで形成されたと考えられる。この突起の高さが写真2(b)の微細孔の深さ（約1.5μm）とほぼ一致することから，アクリルはアルミニウム接合面の微細孔の奥深くまで流入していたことがわかる。つまりアルミニウムとアクリルは櫛の歯がかみ合うような状態で接合していたと考えられる。

3.4.3　サンドブラストと陽極酸化の処理効果の比較

図3で接合面の前処理方法によって接合強度が異なったことを考察するために，接合前のアルミニウムと接合後のアクリルの接合面の観察を行った。陽極酸化の処理条件は図3の場合と同じ（印加電圧10V）にした。電子顕微鏡による観察結果を写真3～5に示す。

写真3はバフ研磨後に陽極酸化を行った場合である。アルミニウムの表面に直径が0.1μm以下の微細孔が形成され，接合後のアクリルに同程度の太さの突起が形成されていることは写真2と同様である。

写真4はサンドブラスト（噴射剤粒度#220）のみの場合である。アルミニウムには3次元的な角ばった形状が形成されているのに対して，接合後のアクリルの凹凸形状はなだらかであり角も丸いことがわかる。これはレーザ照射によって溶融したアクリルがアルミニウム側の凹凸に十

異種材料接合技術 ―マルチマテリアルの実用化を目指して―

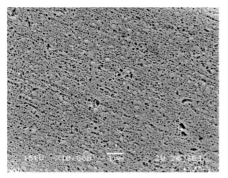

(a) アルミニウム処理面　　　　　　　(b) アクリル接合面

写真3　接合面の観察結果（バフ研磨→陽極酸化）

(a) アルミニウム処理面　　　　　　　(b) アクリル接合面

写真4　接合面の観察結果（サンドブラスト#220のみ）

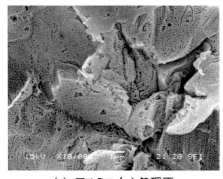

(a) アルミニウム処理面　　　　　　　(b) アクリル接合面

写真5　接合面の観察結果（サンドブラスト#220→陽極酸化）

分に流入していないことを意味していると考えられる。したがって，図3でサンドブラストのみの場合の接合強度が小さかった原因はアンカー効果が十分でないためと考えられる。

第3章　金属と樹脂のレーザ接合における表面処理と接合強度

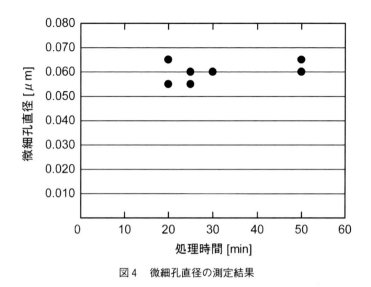

図4　微細孔直径の測定結果

　写真5はサンドブラスト（#220）後に陽極酸化を行った場合である。アルミニウムには3次元的な角ばった形状（数μmの大きさの凹凸）が形成され，その表面に微細孔がびっしりと形成されている。そして，接合後のアクリルにも数μmの大きさの凹凸が見られ，その表面は太さが0.1μm程度の突起に覆われていることが確認できる。これはレーザ照射によって溶融したアクリルがアルミニウム側の凹凸に十分に流入したことを意味しており，そのことが強固な接合を実現していると考えられる。アルミニウムを陽極酸化した場合にサンドブラストによる凹凸形状と陽極酸化による微細孔の両方にアクリルがよく流入している理由は，陽極酸化によって濡れ性が向上する[6]ためと考えられる。

3．5　金属微細孔への樹脂の流入深さ
3．5．1　樹脂の流入深さと接合強度の関係
　陽極酸化の処理時間がアルミニウム表面に形成される微細孔の直径と深さに及ぼす影響を調べた結果を図4，図5に示す。微細孔の直径は処理時間によらず一定であり，深さは処理時間に比例して増加することが確認された。図5にはレーザ接合したアクリルの接合面に形成された突起の高さ（すなわちアルミニウム微細孔へのアクリルの流入深さ）も併記しているが，これを見るとアクリルの流入深さは約1.5μmで頭打ちになっていることがわかる。これはこの実験のときのレーザ照射条件の下でアクリルが溶融する深さ（接合面からの深さ）がこの程度であったことを意味していると考えられる。
　図5と同じ条件でレーザ接合した試験片の接合強度を測定したところ，アルミニウムの微細孔の奥まで十分にアクリルが流入する条件の場合は母材破壊が生じるほど接合が強固であった。それに対して，微細孔深さの60%程度までしかアクリルが流入しない条件の場合は接合強度が小さ

異種材料接合技術 ―マルチマテリアルの実用化を目指して―

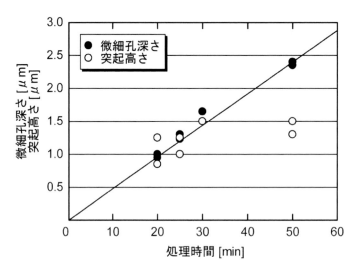

図5　微細孔深さと樹脂の突起高さの測定結果

かった。接合強度の決定因子はまだ十分に解明されていないが，樹脂の流入深さが関与していることが考えられる。

3.5.2　接合面内の温度分布と樹脂の流入深さの関係

　一般にレーザ照射による加熱では，レーザのパワー密度分布が一様であっても加工面の温度分布は一様にならず，レーザ照射部の中心で温度が最も高くなり，距離が離れるほど温度は低い。レーザ接合では樹脂が軟化あるいは溶融する温度に達した範囲内で接合が形成されるが，接合領域内でも各位置の到達温度によって樹脂の流入深さが異なり，局所的な接合強度も異なる可能性が考えられる。そこで，接合面内の各位置の局所的な到達温度と樹脂の流入深さの関係を調査した。この実験ではレーザの走査は行わずに試験片の中心に一点照射することで同心円状の温度分布が生じるようにした。温度測定は直径0.1mmの素線をより合わせた熱電対を使用して行った。

　接合面の到達温度とアクリル接合面の状態との関係を写真6に示す。到達温度が200℃を超えている場合に柱状の突起が形成されており，陽極酸化によってアルミニウムに形成された微細孔にアクリルが流入していたことが確認できる。ただし，到達温度が240℃を超えている位置では突起高さが大きいのに対して，到達温度が200℃程度の位置の突起高さは小さいように見える。一方，温度が200℃に達しない位置では接合に寄与するような突起は形成されていないことがわかる。この結果から，アクリルの場合は200℃前後の温度で流入深さが急激に変化することがわかった。

4　チタンとアクリルの接合

　陽極酸化が可能な他の金属としてチタンを取り上げ，アクリルとのレーザ接合を試みた。チタ

第3章　金属と樹脂のレーザ接合における表面処理と接合強度

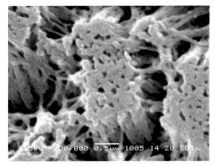
(a) 到達温度＝約300℃

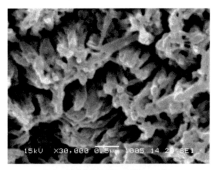
(b) 到達温度＝約240℃

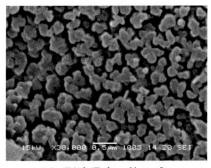
(c) 到達温度＝約200℃

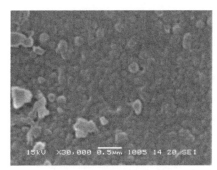
(d) 到達温度＝約170℃

0.5μm

写真6　接合面の到達温度とアクリル接合面の状態の関係

表3　チタンの陽極酸化の条件

	条件1	条件2
電解液	水酸化ナトリウム (5 mol/L)	りん酸 (20wt%)
印加電圧	10V	200V
処理時間	30分	5分
処理温度	室温	室温

ンの陽極酸化面の観察と，接合強度の測定を行った結果を紹介する。

　チタンの陽極酸化には水酸化ナトリウムを用いる方法[7]とりん酸を用いる方法[8]を試みた。それぞれの処理条件を表3に示す。また，比較としてチタンの接合面をサンドブラスト（噴射剤粒度#220）で処理した場合についても同様に観察と測定を行った。前処理の方法によってレーザ光吸収率も異なるが，この実験ではレーザ接合時の接合面の温度が3通りの条件で共通になるように実験方法を工夫した。

　陽極酸化したチタンとサンドブラスト処理したチタンの表面状態を電子顕微鏡を用いて観察した結果を写真7に示す。また，それぞれの方法で前処理したチタンとアクリルをレーザ接合して

41

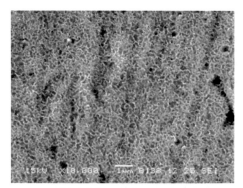
(a) 陽極酸化（水酸化ナトリウム）

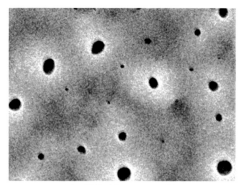
(b) 陽極酸化（りん酸）

(c) サンドブラスト（#220）

写真7　チタンの前処理面の観察結果

　せん断強度を測定した結果を図6に示す。水酸化ナトリウムを用いて陽極酸化した場合はアクリルのせん断強度（62MPa[9]）に匹敵するほどの大きな接合強度が得られ，実際にアクリルが母材破断する場合も見られた（接合面積の実測値を用いて接合強度を算出しているため，アクリルが母材破壊した場合でも計算上の強度は約30MPaとなっている）。写真7(a)では寸法が0.2μm程度のメッシュ状の構造が見られる。アルミニウムの場合のように深い孔構造が形成されているのかは確認できていないが，この構造にアクリルが流入することで強固な接合が実現していると考えられる。

　一方，陽極酸化にりん酸を用いた場合は，レーザ照射終了後の温度低下にともなって接合試験片が自然に剥離した。つまり接合はできなかったといえる。写真7(b)を見ると直径が1μm程度の孔構造が形成されているものの，孔の直径は水酸化ナトリウムの場合と比べて大きく，数密度は非常に小さい。また，自然に剥離した後のアクリルの接合面には直径が1μm程度，高さが1μm以下の突起が確認され，その数密度はチタン側の孔の数密度と同程度であった。したがって，チタンの陽極酸化にりん酸を用いる方法では強固なアンカー効果を生じるような接合面の凹凸構造が得られなかったと判断できる。

第3章 金属と樹脂のレーザ接合における表面処理と接合強度

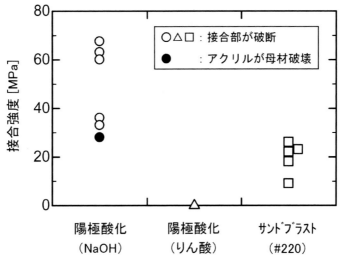

図6 接合強度の測定結果（チタン-アクリル）

　チタンの接合面をサンドブラスト処理した場合は，接合は行えたもののせん断強度は最大でも30MPa程度であった。接合面に形成された凹凸は写真7(c)のように3次元的に入り組んだ形状をしているが，アルミニウムをサンドブラスト処理した場合と同様であり，これだけでは強固な接合は得られないと考えられる。
　以上の結果から，金属がチタンの場合は水酸化ナトリウムを用いて陽極酸化を行うことが接合に適しているといえる。

5　おわりに

　金属と樹脂のレーザ接合において母材破壊が生じるほど強固な接合が達成される要因を検討するために，金属と樹脂の接合面に形成される微細構造を観察した結果を紹介した。本稿が接合現象の理解や今後の研究開発の一助となれば幸いである。

文　　　献

1) 早川伸哉，高嶋育美，三浦忠司，中村隆，糸魚川文広，長谷川達也，電気加工学会全国大会講演論文集，41（2003）
2) 片山聖二，川人洋介，丹羽悠介，丹下章男，久保田修司，溶接学会論文集，**25**，316(2007)
3) 水戸岡豊，日野実，永田員也，レーザ加工学会誌，**14**，250（2007）

4) 長谷川達也, 前田知宏, 中原修一, 高井雄一郎, 中村隆, 日本機械学会論文集（C編）, **67**, 2997（2001）
5) 柳原榮一, 被着材からみた接着技術（金属材料編）, 68, 日刊工業新聞社（2003）
6) 大村崇, 名古屋工業大学修士学位論文, 32（2009）
7) 柳原榮一, 被着材からみた接着技術（金属材料編）, 74, 日刊工業新聞社（2003）
8) 表面技術協会編, 表面技術便覧, 582, 日刊工業新聞社（1998）
9) 三菱レイヨン, アクリライト技術資料（物性編）, 31（2005）

〔第2編　異種材料接合における技術開発〕

第1章　接着法

1　次世代自動車へのCFRPの適用と接着技術の課題

佐藤千明*

1.1　はじめに

　自動車構造の軽量化は，その低燃費化とCO_2削減の観点から，近年極めて重要になっている。2020年代初頭には，乗用車の燃費を平均で20～23km/Lまで向上させる必要があると言われており[1]，車体の軽量化が主なシーズとして注目されている。車体重量と燃費の間に強い相関があり[2]，このため多くの努力が払われている。

　近年，ハイブリット車（HV）や電気自動車（EV）が注目されているが，この場合は，車体の軽量化が積載電池の削減に繋がるためコスト面で有利になる。特にEVでは，航続距離の増大にも貢献するので，車体軽量化がもたらすメリットは大きい。

　このため，より軽量の新材料を車体に適用する取り組みが始まっている。例えば，スチール以外の軽量材料，すなわちアルミ合金やマグネシウム合金，プラスチック，並びに炭素繊維強化プラスチックなどがこの候補であり，更にこれらの材料を複合化して使用する場合も増えつつある。

　しかし，意外と見落とされがちなのは，部品同士の接合技術であり，異種材料接合が必要であるため，この箇所がボトルネックに成り得る。この観点で，近年注目されているのが接着接合である。本稿では，異種材料を適材適所に用いる"マルチマテリアル車体"を取り上げ，その実現のための必須技術と言える接着接合に関して解説する。

1.2　現状における接着接合の車体構造への適用

1.2.1　スチール製車体の接着接合

　スチール製車体を軽量化する場合，使用する鋼材料の強度向上が重要となる。このため，高張力鋼の使用範囲が増大している[3]。残念なことに，鋼材の強度増加に伴い，その成形性や溶接性は悪くなる。特に，溶接性の低下は困難な問題であり，部材が強くなっても接合部が弱くなれば，トータルの強度は向上しない。したがって，接着の併用が有望となる。スチール製車体への接着の適用箇所は以下のように分類できる。

①　プラットフォーム，サイドメンバなどの主要強度構造
②　ドアパネル，フェンダーなどの準強度構造
③　窓ガラスの車体への取付（ダイレクトグレージング）

---

*　Chiaki Sato　東京工業大学　科学技術創成研究院　准教授

異種材料接合技術 ― マルチマテリアルの実用化を目指して ―

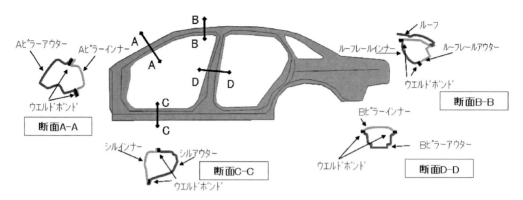

図1　車体構造へのウェルドボンディングの適用箇所
（サンスター技研㈱のご厚意による）

この中で，②および③に関しては，接着の適用は既に十分に進んでいるが，①の主要強度構造への適用は，我が国ではあまり進んでいない。一方，ヨーロッパ，特にドイツでは，プラットフォームを含めた主要強度構造への接着の適用が，スポット溶接との併用ではあるが，かなり進んでいる。

接着は低強度の接合法と思われがちである。確かに応力で比較すると溶接に及ぶべくもないが，接合面積が稼げる場合は高い強度を発揮できる。したがって，薄板の接合には適しており，例えば鋼製車体ではスポット溶接と併用して，プラットフォームやサイドメンバなどの接合に使用されるケースがある。これはウェルドボンディングと呼ばれ，耐疲労性や車体剛性の向上が可能であり，また比較的コスト高のスポット点数を低減できるため，近年注目されている。

スチール製車体を軽量化する場合，使用する鋼材料の強度向上が重要となる。自動車車体には，従来は軟鋼（例えば270MPa級鋼材）が主に使用されていたが，近年ではより高強度の高張力鋼（440および590MPa級鋼材（ハイテン材），並びに980および1470MPa級鋼材（超ハイテン材）など）が多用されている。ここには，溶接と接着の併用が有望となる。例えば，スポット溶接と接着の併用はウェルドボンディングと呼ばれ，車体の耐疲労性や剛性の向上が可能である。図1にウェルドボンディングの適用箇所を示す。

ウェルドボンディングでは，車体部材にまず接着剤を線状に塗布し，その後，部材同士の重ね合わせおよびスポット溶接を行う。接着剤には1液エポキシ接着剤が使われ，その硬化は，塗装の焼付工程で同時に行われる。プレス直後の鋼板は防錆油や潤滑油などで覆われており，普通は接着前に脱脂を行う必要がある。しかし，近年では脱脂を必要としない油面接着剤が存在し，実際にウェルドボンディングに使用されている。

1.2.2　アルミ製車体の接着接合

軽合金，特にアルミニウム合金は，既に多くの市販車で使用されている。言うまでもなくアルミニウム合金は比強度・比剛性に優れ，このため車両の軽量化のみならず，剛性の向上も併せて

第1章　接着法

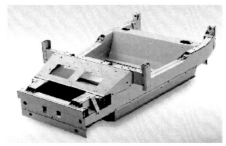

図2　アルミバスタブ構造車体の一例（Lotus Elise）
（エルシーアイ㈱のご厚意による）

可能である。しかし，鋼材に比べ熱伝導率が高く，スポット溶接には向いていない。また，連続溶接も，不活性ガスを必要とするなどの難しさがあり，スチール製車体での接合に関する方法論は適用できない。このため，接着接合が広く用いられる。

　図2に，アルミシャシを有する車体の例を示す（Lotus Elise）。この車体はアルミ押出材を接着接合したバスタブ型シャシを持ち，ガラス繊維強化プラスチックのスキンと組み合わせて車体を形成している。アルミ押出材同志は接着剤とフロードリルスクリュー（FDS）の併用で接合されている。すでに20年以上の実績を有し，接着接合で市販車の組み立てが可能であることを実証したパイオニア的車体である。

　近年では，より広範にアルミ車体が用いられており，アルミモノコック構造にも接着が多用されている。ここでは，スポット溶接が使えないため，ほかの機械的接合法が接着と併用されている。例えば，図3に示すJaguar XJでは接着とセルフピアッシングリベット（SPR）が併用されている。SPRは，従来のリベットと異なり，下穴を必要としない特徴を有している。

1.2.3　プラスチック材料の車体への適用と接着接合

　プラスチック材料の使用量は年と共に増加しているが，外装パーツや内装品などが主要な適用先であり，車体の主要構造として使用される例はまだ少ない。それでも，フェンダーなどにポリマーアロイ製スキンが使用されており，既に20年以上の歴史がある。また，バンパー外装材はポリオレフィン製以外のものを見つけるのが難しい。近年ではその適用がさらに広がり，例えば，ハッチバック車の後部ドアにプラスチック製パネルが使用されている[4]。これは，スチール部品とポリオレフィン系外皮を接着接合したもので，高い軽量化を実現している。軽量化の観点から言えば，強度を必要としない箇所には，密度の低いプラスチックを多用すべきであり，実際に使用割合は増加している。この接合にも，ポリウレタン系の接着剤が多用されている。これは，ポリオレフィンが接着し難い材料であり，火炎処理とプライマーの併用が実用強度が得られる数少ない接着剤系であることと，プラスチック自体が柔らかく弱いため，これより硬い接着剤を用いると問題が起きるため，相対的に柔らかいポリウレタン系接着剤が選択される為である。

異種材料接合技術 ―マルチマテリアルの実用化を目指して―

図3　アルミモノコック構造（Jaguar XJ）の製造工程
（JAGUAR JAPAN Co.のご厚意による）

1.2.4　複合材料の車体への適用と接着接合

　プラスチックを基材とした複合材料，例えば炭素繊維強化プラスチック（Carbon Fiber Reinforced Plastic, CFRP）などは，鋼や軽合金よりも比強度・比剛性に優れているので今後有望である。ただし，現状では高価であり，高級スポーツカーのみに使用されている。しかし，近年の使用量増加に伴い価格も低下しており，コスト的にはアルミニウム合金に拮抗できる材料となりつつある。CFRPを車体構造の主要材料として使用した場合，ホワイトボディの段階で50%の重量軽減が可能と言われており，各種の取り組みが始まっている。

　繊維強化プラスチック（Fiber Reinforced Plastic, FRP）を車体に適用する場合，問題になるのはその生産性である。従来のFRPは連続繊維もしくはその織物を，エポキシ樹脂やポリエステル樹脂などの熱硬化樹脂でバインドし生産した。したがって，その硬化時間が生産性を決定した。例えば，ハンドレイアップ製法では脱型まで数時間を要し，またプリプレグを用いた製法では，オートクレーブ工程に半日近くの時間を要した。近年では，熱硬化樹脂の射出成型技術（RTM）が確立しており，脱型までの時間が10分を切るまでになっている（NEDO地球温暖化防止新技術プログラム「自動車軽量化炭素繊維強化複合材料の研究開発」）。

　エポキシ樹脂などをマトリックス樹脂とした熱硬化性FRPは接着が容易であり，その組み立ても接着接合が主体となる。例えば，Lexus LFA（トヨタ自動車）[5]では，CFRP製モノコックキャビンと，アルミ合金製フロントメンバ，並びにCRRP製クラッシュチューブにより車体が構成さ

第1章 接着法

れている。この中で、接着接合は、CFRP製モノコックキャビンの組立に使用されている（図4）。具体的には、2液エポキシ接着剤とブラインドリベットを併用して部材を接合し組み立てている。いずれにせよ、熱硬化性FRPの接合には、接着が極めて有効である。

このような熱硬化樹脂をマトリックスに持つ複合材以外に、近年では、熱可塑樹脂による繊維強化複合材料（Fiber Reinforced Thermo-Plastic, FRTP）が注目されている。本材料を用いることにより、熱プレス成型による部材作製が、極めて短時間（1～2分）で可能となり、生産性が向上する（NEDOエネルギーイノベーションプログラム・ナノテク・部材イノベーションプログラム「サステナブルハイパーコンポジット技術の開発」）。残念ながら、熱可塑複合材料の接着性は良くないが、それ自体が熱溶着可能であり、したがってFRTP同士では熱溶着が主要な接合手段になるであろう。一方、例えばFRTPと金属を接合する場合は、接着する必要があるが、異材接合となるので問題が多い。ただし、熱可塑樹脂に対し強度の高い接着剤も開発されつつあり、今後の発展が期待される。

1.3 今後の車体軽量化への取り組みと接着接合技術
1.3.1 マルチマテリアル化

前述のように、車体用の材料開発は精力的に実施されており、各種の優れた材料が既に使用可能である。しかし、より高い軽量性を追及するためには、異なる材料を適材適所に配した"マルチマテリアル構造"が必要になる。今のところ、アルミ合金とスチールとの複合車体は存在し、販売されている。例えば、Audi TTでは、キャビンの一部（トランク底部および後部タイヤハウス）がスチール、そのほかの大部分がアルミ合金で製作されており、その接合にはSPRやFDSなどの機械的締結のほか、接着剤が使用されている。もちろんアルミ合金同士も同様の接合法が使用されており、接着剤の使用箇所は長さにして90mを超える[6]。

図4　Lexus LFAにおける接着接合部
（筆者撮影）

異種材料接合技術 ― マルチマテリアルの実用化を目指して ―

このほか，Mercedes Benz C classでは，アルミニウム合金の使用量を48％まで高め，ホワイトボディを70kg軽量化している[7]。本車体は，接着とファスナを併用して接合し組み立てられており，ファスナとしてはImpAct（Impulse Accelerated Tacking，RIVTACとも呼ばれる）と呼ばれる打ち込み式の技術が使用されている。

今後は，スチール，アルミ，熱硬化CFRP，熱可塑CFRPを適材適所に使用する，真の意味でのマルチマテリアル車体が登場すると予測される。接合の観点で考えると，ほぼ全ての接合手法を動員する必要があろう。すなわち，溶接，FSW，接着，熱溶着，およびファスナなどである。中でも接着は用途が広く，主にCFRPプラットフォームとスペースフレーム構造との接合，並びにハニカムサンドイッチパネルの接合に使用可能と考えられる。

マルチマテリアル車体を接着接合する場合に問題となるのは熱応力と電食である。まず，熱応力の問題であるが，線膨張係数の違う異種材料を接合する場合には，不可避である。このような材料を強固に接着接合すると，図5に示すように接合物が熱変形し，接着剤端部に強い熱応力集中が生じる。一般的に，線膨張係数の異差が大きいほど，また接合する部材の寸法が大きいほど，この問題は深刻となる。例えば，1mの長さを有する鋼部材とアルミ部材を同時に加熱すると，100℃の温度変化で1mm以上の差（サーマルミスマッチ）が生じる。これを例えば厚さ0.1mmの接着剤層で吸収するのは至難の業で，接着剤層を厚くするか，柔らかく延性の大きな接着剤を使うしかない。しかし，この場合は，部材間の荷重伝達に問題をきたし，車体剛性の確保が難しくなる。一方，硬い接着剤を使用すると，車体剛性の確保は可能であるが，接着部が熱変形しやすく，熱応力で破断する可能性も大きくなる。

電食も大きな問題である。例えば，CFRPと金属材料のイオン化傾向は乖離しており，これに起因する微弱な電流が生じやすい。これが原因となり，金属の表面層を腐食し，接合部の破断に至る場合がある。この現象は"電食"と呼ばれる。防止策として，電気的に不活性なガラス繊維を接着層に混入する，若しくは接着接合部にガラス繊維を用いたGFRPを一層挟み込むなど，

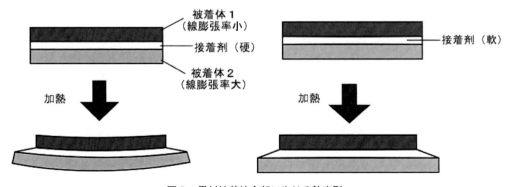

図5　異材接着接合部に生じる熱変形
左：硬い接着剤，右：柔軟な接着剤

第1章 接着法

CFRPと金属を絶縁する工夫が採られる。

1.3.2 組み立て工程への適合性

接着を車体の組み立て工程で使用する場合には，その施工速度も重要になる。車体組み立てラインのタクトタイムは最短で1分程度と言われており，接着剤の塗布，貼り合わせ，および硬化もこれに準じる必要がある。この塗布および貼り合わせ工程はロボットなどを用いて自動化する必要があるが，最適化は難しい問題である。

組み立て工程におけるこのほかの問題点としては，被着材の表面処理があり，これを回避できればラインを簡略化できる。たとえば，鋼材は表面に防錆油が塗られており，普通の接着剤では脱脂が必須である。しかし，表面に油分があっても接合可能な油面接着剤が開発されており，近年では脱脂無しに接着できる。一方，プラスチック材料は未だに複雑な接着前表面処理を必要としており，この簡略化が求められている。

1.3.3 接着剤の硬化速度の問題

前項でも述べたように，接着剤の速硬化も重要な案件である。現状のスチール車体では，ウェルドボンドの硬化は塗装の焼付工程で行うので，特段の速硬化性は要求されない。一方，プラスチック部品が存在すると焼付工程を通せないので，ライン上でなるべく早く硬化させる必要が生じる。しかし，接着剤を1分で硬化させるのは至難の業なので，何らかの工夫が必要となる。対応としては，局所加熱，機械的接合との併用による仮止め，並びに速硬化性接着剤の適用が挙げられる。

接着剤を速硬化させる場合，一般的に考えられる手法は，接合部の局所加熱である。例えば，自動車用途に開発された最新のポリウレタン接着剤では，赤外線による局所加熱により2分程度の速硬化が可能である[8]。ほかの速硬化接着剤としては，アクリル接着剤が挙げられる。アクリル接着剤はビニル重合により硬化するため，元来硬化速度が速い。一方，エポキシ接着剤をそれほど高くない温度で速硬化させるのは比較的難しい。

1.3.4 インプロセス塗装，アウトプロセス塗装への対応

マルチマテリアル車体の接着接合を考える場合，どの時点で塗装を行うかが極めて重要なファクターとなる。車体を組み立てた後に塗装するケースをインプロセス塗装，一方，塗装した部品を組み立てるケースをアウトプロセス塗装と呼ぶ。マルチマテリアル車体でインプロセス塗装を行う場合，異材を接着接合してから塗装を行い，その焼付プロセスにて，約170℃の高温で接着剤を硬化させる（図6）。したがって，最終的に室温まで冷却した際に，接合部に大きな熱変形とミスマッチが発生し，破壊に至る可能性すらある。このため，ガラス転移温度以下でも接着剤に高い柔軟性が要求され，柔らかい接着しか使えないのが現状である。しかし，これは剛性の観点で問題があり，したがって今後は，柔らかさと硬さを併せ持つ接着剤の開発が必要であろう。この対策としては，接着剤の有する粘弾性やクリープ現象を積極的に利用するなどの手段を講じる必要がありそうである。

一方，アウトプロセス塗装の場合は状況がより容易である。すなわち塗装工程を通す必要がな

異種材料接合技術 —マルチマテリアルの実用化を目指して—

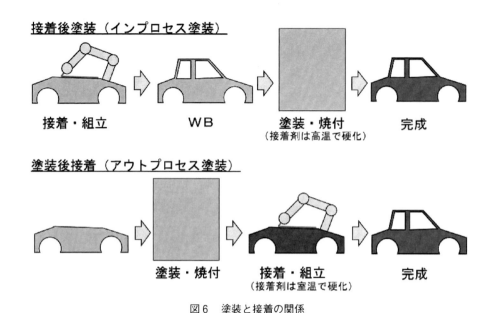

図6 塗装と接着の関係

いため，接合部を高温に曝す必要がなく，熱応力の回避が容易である。この場合はむしろ室温近傍で硬化可能な接着剤が必要となり，別のタイプの技術開発が要求される。すなわち，室温速硬化接着剤の開発である。

1.3.5 接着技術にも求められる環境対応

異材接合を多用するマルチマテリアル車体の場合は，資源の分離回収をどのように行うか十分な検討が求められる。この点については，欧州での取り組みが参考になる。EUの国家プロジェクトとして，ECODISMプロジェクト[9]が実施されたが，この中で，接合部の剥離可能な，解体性接着技術が開発されている。このような取り組みは今後ますます重要になると考えられる。

1.4 おわりに

自動車車体の接合技術は近年急速に進歩しており，一年前の情報でも陳腐化する世界である。したがって，最新の動向に付いていく努力が必要である。最近の技術としては，スチールのホットプレス材に用いられるAr/Siメッキが興味深い。接着と関連が低そうに思える技術ではあるが，実は接着の用途を飛躍的に増加し得るポテンシャルがある。このメッキで覆われたスチールは，アルミ合金とのスポット溶接が可能で，しかもその接合強度が高い。したがって，スチールとアルミ合金のマルチマテリアル構造がより作りやすくなる。もちろん接着との併用も可能であるから，スチール/アルミ合金用のウェルドボンディングに関しても，研究が今後必要になろう。このように，日進月歩の世界なので，新規の技術開発には素早い対応とタフな神経が要求される。しかし，我が国でも自動車用構造接着に関する組織的な取り組みが始まっており，諸外国，特に

第1章　接着法

欧州への遅れも取り戻しつつある。今後の発展に期待したい。

文　　献

1) 大楠恵美，自動車構造材の軽量化と多様化，三井物産戦略研究所レポート，7月（2014）
2) 国土交通省ホームページ，http://www.mlit.go.jp/jidosha/jidosha_fr10_000019.html
3) レガシィの燃費向上の取り組み，CSRレポート，富士重工業，p.52（2010）
4) 樹脂を賢く使う，日経Automotive Technology，11月号，pp.52-57（2012）
5) 影山裕史，自動車におけるCFRP技術の現状と展望，第2回次世代自動車公開シンポジウム資料，於：名古屋大学（2012）
6) Rauscher and Schillert, Current Aspect for Adhesive Bonding in Body in White, Proceedings of Joining in Car Body Engineering 2010, Bad Nauheim, p.8（2010）
7) 技術レポート，日経Automotive Technology，11月号，p.31（2014）
8) Schmatloch, DOW Automotive Systems 2K Polyurethane Technology: From Semi-structural Add-on Bonding Towards Structural Composite Assembly, Book of abstracts AB2013, Porto, p.122（2013）
9) ECODISM – A New concept for an easy dismantling of structural bonded joints in auto elv and repair, http://videolectures.net/tra08_bravet_eco/

2 ゴムと金属の直接接着技術

塩山　務*

2.1 はじめに

　ゴムと金属の接着方法は古くは環化ゴム法，塩化ゴム法，エボナイト法などが存在したが，現在汎用されている方法を大別すると①間接加硫接着法，②直接加硫接着法および③後接着（Post Bonding）法に大別される。間接加硫接着法は接着剤を金属面に塗布した後に未加硫ゴムと接触させ加硫と同時に接着する方法である。用いられる接着剤は市販されており，ハロゲン化ポリマー，ニトロソ化合物，フェノール樹脂成分などを主成分にするものが多い[1]。金属種とゴム種に適合した接着剤の品番を選択して使用される。多くはプライマーとカバーコート剤の2層を金属面に塗布し乾燥あるいはベーキングした後，加硫と同時に接着するものである。直接加硫接着法は接着剤を塗布せずにゴムの加硫と同時に接着する方法である。金属にブラスめっきを施し硫黄加硫系のゴムと接着する方法が基本である。通常，接着増強剤としてナフテン酸コバルト，ステアリン酸コバルト，ネオデカン酸コバルトのような有機酸コバルト塩あるいはレゾルシン系樹脂形成成分とシリカの組み合わせの所謂HRHシステムがゴムに配合される。一方，ブラス以外の金属，例えば耐食性亜鉛めっき鋼に対しては上記の有機酸コバルト塩あるいはリサージなどを追加したHRHシステムが練込型の接着剤として必須になる。ブラスと異なり，これらの添加剤なしでは全く接着せず，また後述するように金属種によりその効果は異なる。後接着法は加硫ゴムと金属を接着剤により接着する方法であり，種々の接着剤が採用されているが，防振ゴムなどの高刺激用途では間接加硫接着法と同様の接着剤が使用される場合が多い。

　接着剤を用いない直接接着の技術は，近年，ゴムと樹脂あるいはそれらと金属との接着において種々の技術開発がなされて脚光を浴びている。発端は1980年代末にドイツのヒュルス社（現在のエボニック社）で行われた技術開発プロジェクトであり，ドイツ語のKunststoff（プラスチック）とKautschuk（ゴム）の頭文字をとってK&Kという名称であった。現在知られている技術の接着機構は図1に示すように，双方の材料間に化学結合を形成させる方法，被着体の一方の表面を複雑な形状にエッチングし，もう一方の材料を侵入させアンカーを形成させる方法，分子を相互浸入させる方法などが存在する。

　しかしながら，直接接着法は上記のブラスめっき法，有機酸コバルト塩法およびHRHシステムとしてゴムの分野では古くから用いられている技術である。また，ポリエチレン，超高分子量ポリエチレンなどに対してパーオキサイド架橋ゴムが接着剤なしに直接加硫接着できることもよく知られている技術である[2]。

　その他の提唱されている直接接着方法としては，金属に無電界ニッケル-りん合金めっきを行いトリアジンチオールを配合したゴムと加硫接着する方法（INT法）[3]，ジンクジアクリレートあ

---

*　Tsutomu Shioyama　バンドー化学㈱　R&Dセンター　シニアエンジニア，
　　高分子学会フェロー

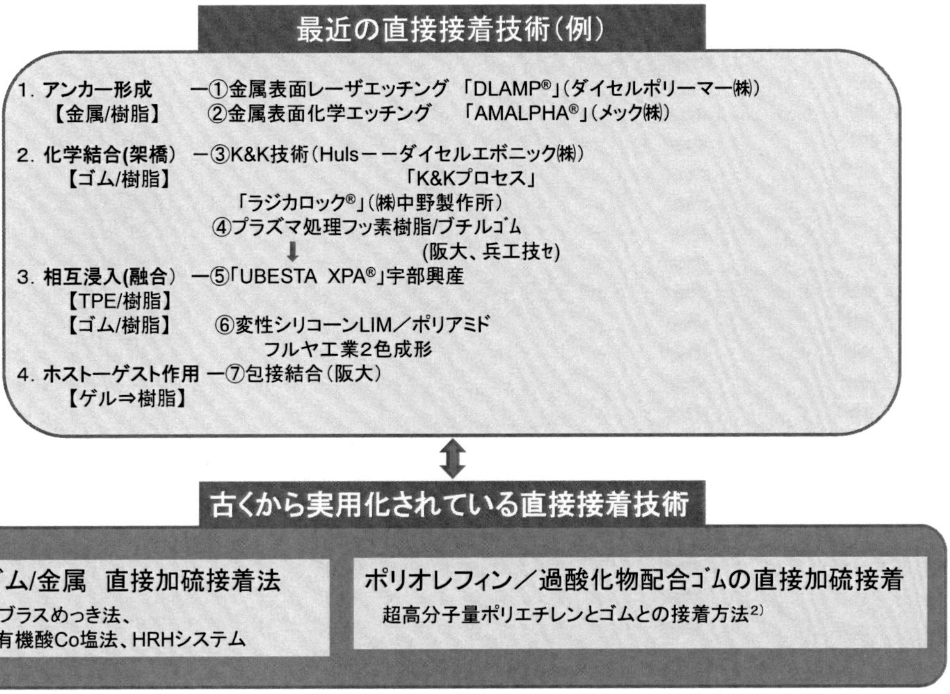

第1章 接着法

図1 直接接着技術の今昔

るいはジンクメタクリレートをゴムに配合する方法[4]，プラズマ重合アセチレン膜を金属表面に形成し接着する方法[5]，金属にZn-Coめっきを施し直接接着する方法（Zn-Coめっき法）[6]などが報告されている。

2.2 ゴム固有の問題

複合体であるゴムは，ポリマーに補強剤，充填剤，軟化剤，加硫剤，加硫促進剤，老化防止剤など多数の配合剤が添加されており，それら配合剤の選択により初期接着性と接着耐久性が左右される。直接加硫接着においてはもとより間接加硫接着においてもその影響は大きく，接着設計においては接着剤以外のゴム配合剤の設計が極めて重要である。例えば，汎用の天然ゴム（NR），スチレンブタジエンゴム（SBR），ブタジエンゴム（BR），耐油性のアクリロニトリルブタジエンゴム（NBR）などは主鎖中に2重結合を有するためオゾンアタックに弱い。その劣化抑制のため，通常オゾン劣化防止剤が添加される。オゾン劣化防止剤はゴム表面に移行して内部へのオゾン劣化の進行を防止する機構のものが多く，そのため接着への影響が大きい。最近の報告例として，主要な接着剤メーカの1社であるLORD CorporationのJ. R. HalladayらによりなされたされたNR/BRブレンド系のゴムとリン酸亜鉛処理鋼板との接着における応力下沸水劣化試験の結果を図2に示す[7, 8]。劣化防止剤の種類により接着の沸水耐久性が大きく異なることがわかる。また，

異種材料接合技術 ― マルチマテリアルの実用化を目指して ―

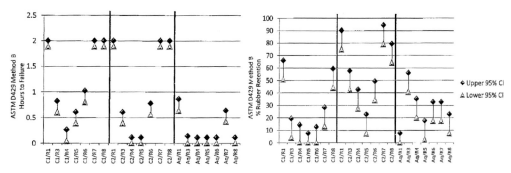

C1：第1世代溶剤系接着剤 Chemlok® 205/Chemlok® 6125
C2：第2世代溶剤系接着剤 Chemlok® 205/Chemlok® 6411
C3：第3世代水媒系接着剤
R3：6PPD: N-1,3-Dimethylbutyl-N'-phenyl-p-phenylenediamine
R4：IPPD: N-Isopropyl-N'-phenyl-p-phenylenediamine
R5：77PD: N,N'-Bis(1,4-dimethylpentyl)-p-phenylenediamine
R6：PPD Blend: A proprietary blend of $para$-phenylenediamines
R7：Substituted Triazine: 2,4,6-tris-(N-1,4-dimethylpentyl-p-phenylenediamino)-1,3,5-triazine
R8：TMQ: 2,2,4-Trimethyl-1,2dihydroquinoline polymer

図2　ゴム／スチール接着剤接着体の沸水耐久時間（左図）と2時間後のゴム付着率（右図）
接着剤種C1, 2, 3　オゾン劣化防止剤種R3～8（R1は無添加）[7]

データは省略するが①加硫温度が高いほど応力下沸水に対する安定性が高くなること②低硫黄加硫系は通常の加硫系よりもオゾン劣化防止剤の影響を強く受けることもその中で報告されている。

上記の例に見られるように，ゴムの接着においては交互作用効果まで考慮したゴムの配合設計および加工条件の設計が必要である。

2.3　直接加硫接着技術
2.3.1　ブラスとゴムの直接加硫接着

タイヤのスチールコードとゴムの接着は，前出のブラスめっきと硫黄加硫系ゴムを用いた直接加硫接着法が採用されている。ゴムには接着増強剤として有機酸コバルト塩またはHRHシステムが単独あるいは併用配合されている。ブラスめっき法および有機酸コバルト塩を添加した接着系に関してはOoijらによる表面分析を用いた先駆的な研究があり，加硫接着時にブラスめっき表面に銅と亜鉛の硫化物層が形成され，その中の硫化第1銅が接着に重要な役割を果たしていることを報告している[9～11]。その劣化前と飽和水蒸気で劣化させた後の接着界面のXPSによる線分析結果を図3に示す。図4は分析結果より想定された接着機構のモデルを示し，加硫接着時において有機酸コバルト塩がCuxS層の生成を促進し，乾熱劣化ではZnの界面への移行が生じ，湿熱劣化ではCuxSがゴム相に拡散し界面に酸化亜鉛および水酸化亜鉛が生成することを示している[12]。また，同時期にLindforsらのAES（Auger電子分光分析法），XPS（X線光電子分光分析法），

第1章 接着法

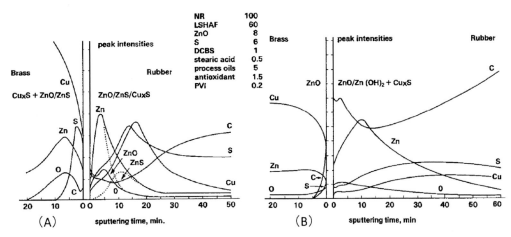

図3 ブラス-ゴム接着界面のXPSデプスプロファイル
(A)加硫接着後[9], (B)120℃ 4時間飽和水蒸気で劣化後[11]

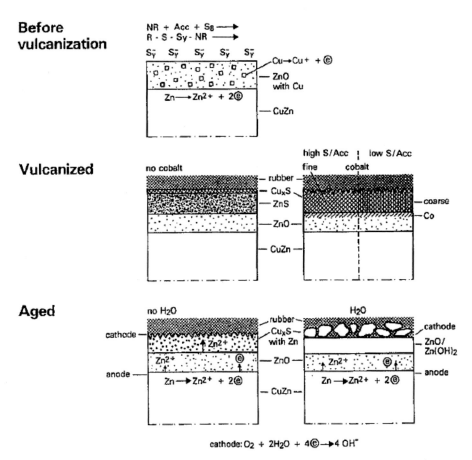

図4 ブラス-ゴム接着と劣化（120℃ 4時間飽和水蒸気劣化後）のメカニズム[12]

SIMS（二次イオン質量分光分析法）を用いたブラスめっき法の分析研究がある[13]。
　これらの研究はその後の接着界面の分析的研究の流れを導いており，近年のSPring-8を用いた解析などの高度な分析方法を駆使した研究がなされている。鹿久保らはSPring-8の高輝度光を用いたHAX-PES（硬X線光電子分光測定）により以下の接着および劣化のモデルを提出している[14]。加硫接着によりブラス表面のZn検出量が低下しCu量は有機酸Co塩の配合量が多くなるに伴い増加する。約2PHRの配合量で最大となり，その後再び減少する。しかしながら，Cu/Zn比率としては有機酸コバルト塩量の増加とともに減少傾向となる。また，乾熱劣化または温水劣化により最表面のCu層が厚くなることにより接着低下が生じることを示している。
　さらに，Ozawaらは高分解能光電子分光を用いた乾熱劣化，湿熱劣化，温水劣化の３種の環境下での接着劣化プロセスの研究を行い，①いずれの劣化環境においてもゴムとブラス界面に存在する硫黄の量が減少する②界面の硫黄の減少は，Cu_xS/CuSの比率の低下，ZnO，$Zn(OH)_2$およびZnSの増加を伴う③これらの化学組成の変化は，水分の存在により促進され，水分子がブラスとゴムの接着劣化を加速する，ことを報告している[15]。
　接着増強剤としてHRHシステムを有機酸コバルト塩に併用した場合の接着劣化機構については，Seoにより報告されている[16]。HRHシステムは，界面においてレゾルシン樹脂層を形成して接着安定性を高める働きをすると考察されている。すなわち，湿熱接着劣化を引き起こす原因である銅と亜鉛のゴム中へのマイグレーションをレゾルシン樹脂層が抑制する機構を提示している。また，その後の研究で，HRHシステムを用いた系での湿熱劣化後の破壊面は金属表面ではなく，界面に生成しているいわゆるWeak Boundary Layer（WBL）層であることが報告されている[17]。

2.3.2　亜鉛とゴムの直接加硫接着

　鉱山などで長期に使用される搬送ベルトのスチールコードなどには亜鉛めっきが施され，自己腐食による防食機能が付与されている。亜鉛めっき鋼とゴムの直接加硫接着には前出のように練込型の接着剤が必須となり，有機酸コバルト塩あるいはリサージを追加したHRHシステムが一般的に適用される。
　有機酸コバルト塩をゴムに添加した系については，芦田らによりゴム配合剤の影響も含めた研究がなされ，接着機構についてはZnよりもイオン化傾向の小さいCoが亜鉛内に拡散し，それに伴いSが亜鉛表面に移行していることが報告されている[18,19]。また，各種環境条件下での接着破壊強度の低下データについては塩山らの報告があり，過加硫に相応する加圧加熱下，湿熱環境下での接着劣化速度が大きいことが示されている（図5）[20]。
　また，有機酸コバルト塩系よりも過加硫安定性に優れるHRHシステムを用いた系の接着機構と劣化機構についても塩山らにより報告がなされており，図6の加硫接着後と加圧加熱劣化後の界面近傍の元素分析結果が示されている[21,22]。HRHシステムは表1に示すようなレゾルシン系樹脂の形成成分と水和シリカであり，図6(A)は加硫の進行と共に樹脂形成成分が接着界面に移行して樹脂リッチ層を形成することを示している。シリカはその樹脂形成成分の移行前の早期反応を

第1章　接着法

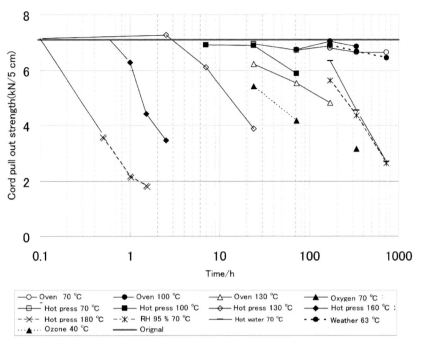

図5　ゴム／亜鉛めっきスチールコード接着体の各種環境下での引抜力の経時変化[13]

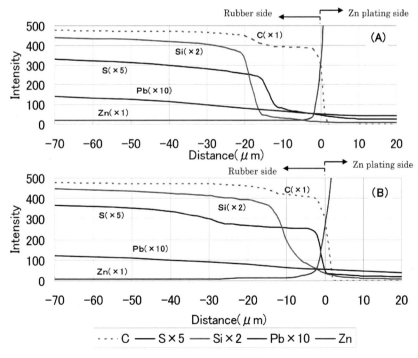

図6　ゴム／亜鉛めっきスチールコード接着体のEPMAプロファイル
　　(A)加硫後劣化前，(B)160℃150分熱プレス劣化後[14]

異種材料接合技術 ― マルチマテリアルの実用化を目指して ―

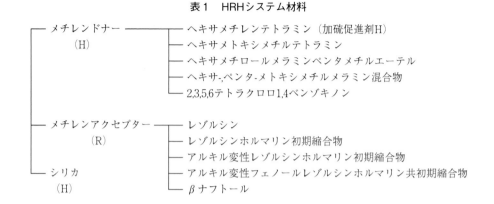

表1 HRHシステム材料

表2 接着配合剤の各種被着金属に対する接着効果

被着金属 \ 接着用配合剤	硫黄加硫系無添加	有機酸Co塩	HRH	HRH+PbO, PbO$_2$, Pb$_3$O$_4$	有機酸Pb塩, レゾルシンPb化合物, レゾルシンCo化合物, HRH/Co併用	参考 HRH+MgO, CaO, ZnO
ブラス	○〜△	○	○	○	○	−
亜鉛	×	○	×	○	○	×
鋼	×	−	×	−	−	−
アルミニウム	×	−	×	△	−	−
ステンレス	×	−	×	○	−	−
銅	×	−	×	×	−	−
鉛	×	−	×	○	−	−

○：Rubber破壊, △：Spot Rubber破壊, ×：Rubber/Metal interface破壊, −：不明

抑制する機能を果たすが，本質的な接着反応は酸化鉛とレゾルシン成分の反応生成物がもたらすと推察している[21, 23]。また，図6(B)は加圧加熱下において硫黄が界面近傍の樹脂リッチ層に侵入し亜鉛表面に達することにより接着劣化が生じることを示唆している[22, 23]。写真1(A)，(B)は湿熱劣化後剥離試料のゴム側と亜鉛側の深さ方向断面の元素分布を示しており，金属側に薄くゴム相が存在することから破壊は界面近接のゴム相すなわち上述のレゾルシン系樹脂のリッチ層で起きていることが報告されている[22]。

2.4 今後の技術開発について

表2に参考文献[23]を主体にこれまで得られている練込接着剤の各種被着金属に対する効果の情報をまとめる。また，これまでの知見を集約するとCoとHRHシステムに併用するPbとは添加する形は有機酸塩と酸化物の違いはあるが，ゴム混練から加硫工程において有機金属化合物とし

第1章 接着法

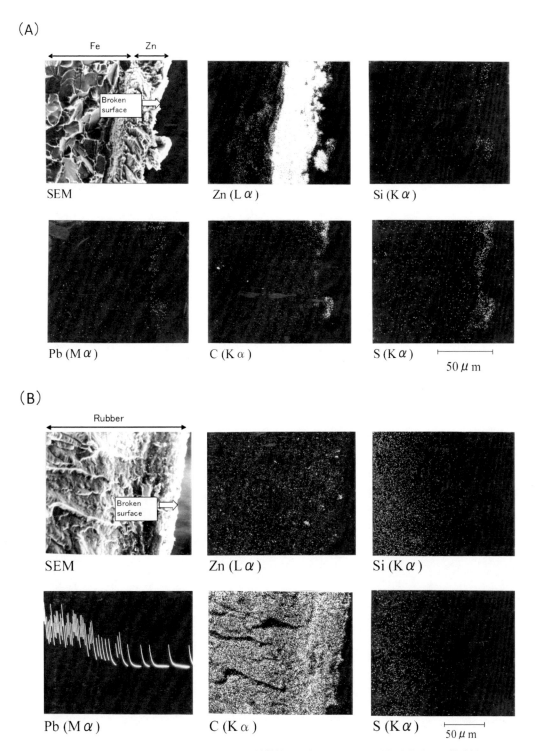

写真1 ゴム／亜鉛めっきスチールコード接着体の70℃RH95%720時間劣化後はく離試料
(A)金属側断面のSEMおよびEPMA面分析[14], (B)ゴム断面のSEMおよびEPMA面・線分析[14]

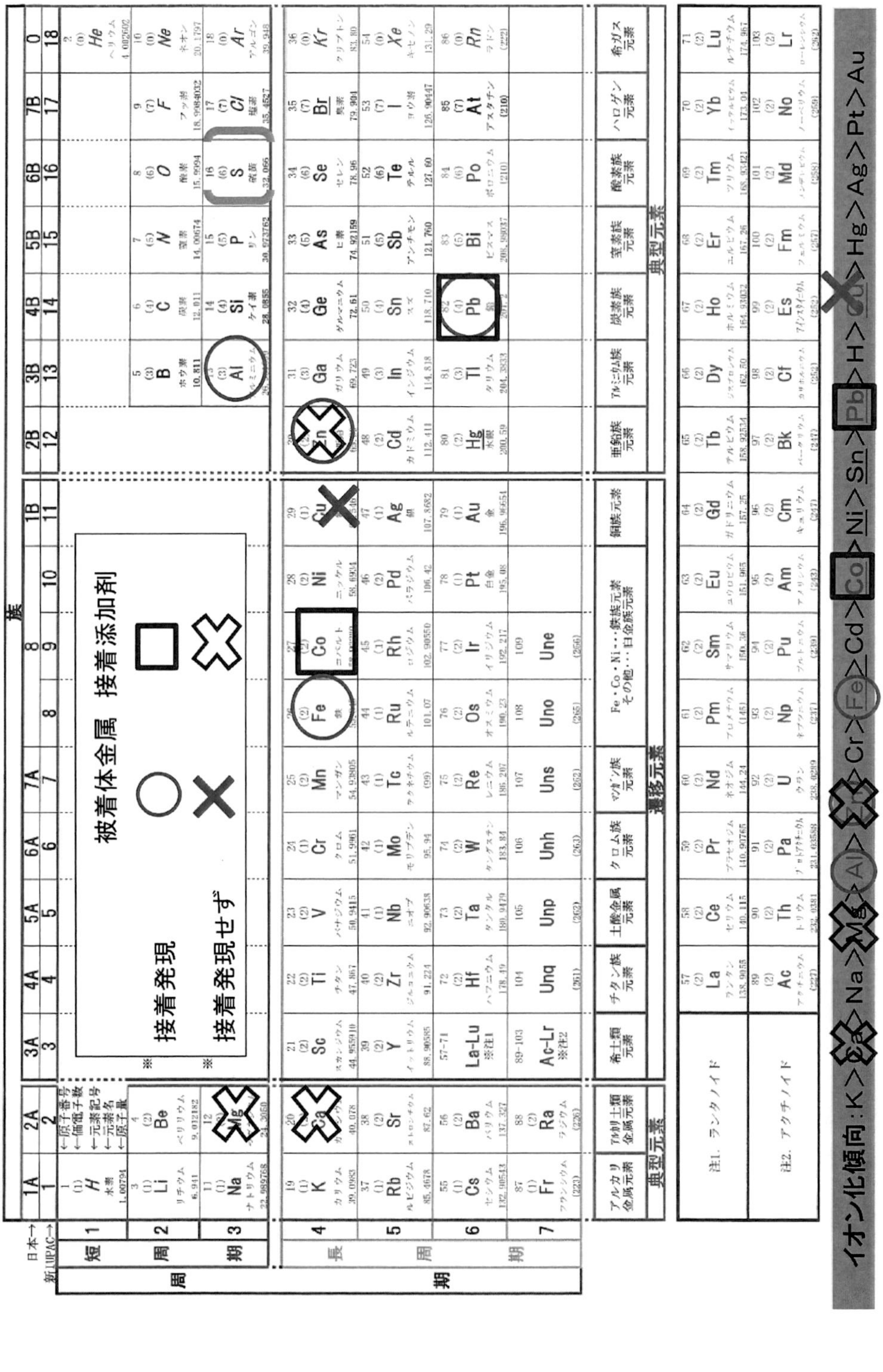

異種材料接合技術 ― マルチマテリアルの実用化を目指して ―

図7 周期表とイオン化傾向における被着金属と接着剤金属

第1章 接着法

て同じ作用をもたらしていると推察することができる。

　現在,鉛は安全衛生面よりRoHS指令などにより厳しく規制されておりゴムへの適用はできない。また,コバルトは希少金属として資源問題を抱えている。特に日本は輸入に頼っており,備蓄資源の対象元素の1つであり「元素戦略プロジェクト」(文科省)と「希少金属代替材料開発プロジェクト」(経産省)の対象元素の1つである。さらにゴムに配合した場合,過加硫による接着低下,湿熱による接着劣化などの問題以前に,基本的にコバルトによるゴムの酸化劣化促進の問題を有している。このような流れの中で,金属／ゴムの直接加硫接着においてもCo,Pb代替材料の探索が必要な状況にあると言える。

　参考までに,周期表とイオン化傾向における被着体金属元素と練込接着剤元素の位置を図7に示す[24]。前述の芦田らの考察[18]にあるイオン化傾向に代替探索の糸口があるのかも知れない。

文　　献

1) 村田忠,ゴム技術シンポジウムテキスト,**57**[th],41(1998)
2) 例えば特公昭62-24249(バンドー化学)
3) 森邦夫,接着技術,**1995**,17(1995)
4) R. Costin, W. Nagel, *Pap Meet Rubber Div. Am. Chem. Soc.*, **158**[th](100)(2000)
5) F. J. Boerio, P. I. Rosales, E. J. Krusling, M. Trasi, R. G. Dillingham, *Int. SAMPE. Tech. Conf.*, **34**, 1054(2002)
6) M. Cipparrone, F. Pavan, G. Orjerla, *Wire J Int.*, **31**(10), 78(1998)
7) J. R. Halladay, P. A. Warren, *Tech Meet Rubber Div Am Chem Soc.*, **180**[th], **1**(861)(2011)
8) J. R. Halladay, P. A. Warren, *Rubber Word*, **245**, 24(2011)
9) W. J. Van Ooij, *Kautsch Gummi Kunstst.*, **30**(11), 833(1977)
10) W. J. Van Ooij, *Rubber Chem. Technol.*, **52**(3), 605(1979)
11) W. J. Van Ooij, A. Kleinhesselink, S. R. Leyenaar, *Surf Sci.*, **89**(1/3), 165(1979)
12) W. J. Van Ooij, M. E. F. Biemond, *Rubber Chem. Technol.*, **57**(4), 686(1984)
13) A. Lindfors, W. M. Riggs, L. E. Davis, *Pap. Meet. Rubber Div. Am. Chem. Soc.*, **112**[th](17)(1977)
14) 鹿久保隆志,石川泰弘,網野直哉,SPring-8 産業利用報告2008A1939(2008)
15) K. Ozawa, T. Komatsu, T. Kakubo, K. Shimizu, N. Naoya, K. Mase, Y. Izumi, T. Muro, *Appl Surf Sci.*, **268**, 117(2013)
16) G. Seo, *Adhesion Sci. Technol.*, **11**, 1433(1994)
17) G. Seo, *J. Adh. Sci. and Tech.*, **22**(12), 1255(2008)
18) 芦田道夫,福本隆洋,渡邉禎三,日本ゴム協会誌,**50**,807(1977)
19) 芦田道夫,日本ゴム協会誌,**57**,501(1984)
20) 塩山務,森邦夫,大石好行,平原英俊,成田榮一,日本ゴム協会誌,**80**,325(2007)

21) 塩山務, 森邦夫, 大石好行, 平原英俊, 成田榮一, 日本ゴム協会誌, **80**, 77 (2007)
22) 塩山務, 平原英俊, 大石好行, 成田榮一, 森邦夫, 日本ゴム協会誌, **84**, 326 (2011)
23) 塩山務,「ゴムと非銅系金属の直接加硫接着に関する研究」岩手大学学位論文 (2007)
24) 塩山務, 日本ゴム協会, 研究部会接着研究分科会, 第87回接着研究部会講演資料 (2015)

第2章 射出成形（インサート成形）による接合

1 異材質接合品への耐湿熱性能の付与

高橋正雄*

1.1 はじめに

　2000年に誕生したNMT（Nano Molding Tech.の略）とは表面処理を行ったAlを金型内にインサートし，結晶性の熱可塑性樹脂を射出成型することで，Alと樹脂を一体化させる技術である。

　今日まで金属／樹脂の一体化はアウトサート成型が主流であったが，アウトサート成型のような部分的に嵌合しているものに対して，金属への樹脂接地部位全てが接合しているNMTは驚異的な接合強度を発現することが可能であり，また気密性の向上も期待できる。

　NMT技術は金属種をAlに限定したものだったが，Al以外の金属についても同様の射出接合技術となる「新NMT」を発明し，今日までに携帯電話やパソコンなどのモバイル機器などに採用頂いている。

　しかし，より過酷な使用環境が想定される移動機械を視野に入れると，高い信頼性が要求される。特に雨曝しとなるような屋外環境下となると金属部位への腐食（錆）による接合強度の低下が懸念され，このような屋外使用を想定した試験方法として恒温恒湿試験が広く用いられている。今回，NMT，新NMTでの金属／樹脂一体化物における湿熱性能に焦点を当て，湿度環境下における接合への影響を考察していきたい。

1.2 NMT[1〜3]

　本題に入る前にNMT，新NMT技術を紹介したい。NMT技術とはAl合金に浸漬型の表面処理を行い，Al表面に20〜40nm周期の凹凸を形成させる。この微細な凹凸に射出成形で熱可塑性樹脂を流入させ，樹脂を冷却固化させることで，アンカー効果によりAlと熱可塑性樹脂とを強固に接合させる技術である。

　表面処理の手法としてはAl合金に前処理を行ってAl表面に付着した油分，錆を取り除いた後に，アミン化合物の水溶液に浸漬し，20〜40nm周期の微細な凹凸を形成させると共にナノレベルの凹部に樹脂を流入させる手助けとなるアミン化合物をアルミニウム表面に化学吸着させる工程からなる。これを一般的な射出成形金型にインサートし，これも一般的な射出成形機を使い，熱可塑性樹脂を射出成形するだけで，Alと樹脂の一体化品を得ることができる。

---

*　Masao Takahashi　大成プラス㈱　技術開発部　技術開発課　課長

異種材料接合技術 ―マルチマテリアルの実用化を目指して―

1.3 新NMT[1～3]

　新NMTとはAl以外の金属（Mg, Ti, Cu, Fe, ステンレス鋼）に浸漬型表面処理を行い，NMTと同様に射出成形で樹脂と金属とを強固に接合させる技術であるが，新NMT処理により得られる金属表面は①1～10μmの粗面を有し，凹部の深さは粗面周期の半分程度であること，②①項の粗面に10～300nm周期の微細な凹凸面を有していること，③合金材表面は金属酸化物もしくは金属リン酸化物の薄層（セラミック質の薄層）で覆われており，基本的には金属表面の形状はNMTと全く異なる。これはNMTではアミン化合物がAl表面に化学吸着し，ナノレベルの微細な凹凸に樹脂が流入する手助けをしているのに対して，新NMT技術ではアミン化合物を介していない（Al以外の金属に簡単な手法でアミン化合物を吸着させるのは難しい）。アミン化合物が吸着していない為，ナノレベルの凹部に樹脂が完全に入り込まないことを想定し，新NMTの金属表面はミクロンレベルの凹部の内壁面にさらに数十ナノレベルの凹ができている2重凸凹構造となっている。ミクロンレベルの凹部であれば結構奥まで樹脂が侵入でき，この数十ナノレベルの凹部はスパイクとなって，ミクロンレベルに入り込んだ樹脂が抜け出るのを防いでいる（数十ナノレベルの凹部は滑り止めとしての役目なので，樹脂を隙間なく充填させる必要がない）。これをNMTと同様に熱可塑性樹脂を射出成形し，金属と樹脂の一体化品を得ることができる。

1.4 射出接合可能な樹脂[1～3]

　上記，NMT，新NMTに適応できる熱可塑性樹脂は硬質で高結晶性のものに限定される。具体的にはPBT（ポリブチレンテレフタレート），PPS（ポリフェニレンサルファイド），PA（ポリアミド）となる。

　樹脂の特徴としては金属側に線膨張を近づけることを意図し，ガラス繊維，炭素繊維などのフィラーを含ませ，線膨張率を小さくする必要がある。加えて，主成分の高分子に分子レベルで混ざり得る異高分子を少量加えて急冷時の結晶化速度を抑え，数十nmの凹部に樹脂が浸入し得る工夫を施している。

1.5 恒温恒湿試験

　2012年に創設された経済産業省のトップスタンダード制度を活用し，当社は金属／樹脂異種材料複合化の特性試験方法の標準化に取り組み，2015年にISOへの登録を完了している（ISO19095）。

　このISO19095に基づき，恒温恒湿試験は接合面積0.5cm^{2}の試験片とした（図1）。この試験片を85℃，85%RTの環境下で任意時間経過させた後，せん断強度を測定し，評価を行った（樹脂はPPS系樹脂を用いた）。

1.6 腐食による接合部の破壊

　一般的に金属材料は大気中の水分と水中に溶存している酸素の存在により，電池反応を経由して腐食が進行する。

第2章　射出成形（インサート成形）による接合

図1　試験片形状（接合面積0.5cm²）

アノード反応　　M→M^{n+}＋ne$^-$
カソード反応　　O$_2$＋2H$_2$O＋4e$^-$→4OH$^-$

　NMT，新NMTで得られた金属と樹脂との一体化物においてはどうだろう？接合界面に水と酸素が存在すると，同様に金属の腐食が生じることになると考えられる。純金属が金属酸化物に変移することで体積膨張し，結果的に樹脂接合部位を押し上げ，接合を壊すことに繋がる。
　実は初期のNMT処理法では耐湿熱性能に難があり，85℃，85%RH環境下で，著しい強度低下が生じていた。Alは自己の酸化被膜で比較的腐食に対して強いとされているだけに，この結果は少なからずショックであったが，これを改善すべく，数年に渡ってNMT処理方法の改良を行うことになる。

1.7　NMTへの耐湿熱性能の付与
　前述したが，金属への腐食は水と酸素が必要であり，逆に言うと水と酸素が存在しなければ腐食は生じないことになる。つまり，金属と樹脂間の隙間が限りなく0になれば，水，及び酸素が接合界面に入り込まず，結果として錆は進行し難くなるのではと考えた。
　前項で述べたように，アミン化合物水溶液に浸漬することで，nレベルの凹凸の形成と微細な凹凸への樹脂の流入を手助けするアミン化合物の吸着を行っていることを意図しているが，隙間をできるだけなくすことを目的に，アミン化合物の吸着量を増やすことを目指した。
　具体的には段階的に分けているアミン化合物処理の処理条件の見直しを行った。前工程で濃度の高い水溶液に浸漬させ，微細凹凸形状を形成させてやり，最終工程でアミン化合物の吸着を目的に薄い水溶液へ浸漬させ，Al合金毎に処理条件の最適化を図ってやろうというものである。結果として，NMTの湿熱性能は飛躍的に向上した（表1，表2）。
　表の結果から湿熱試験序盤の1,000hrに初期強度から1〜2割程度低下するものの，8,000hrま

異種材料接合技術　—マルチマテリアルの実用化を目指して—

表1　A5052/PPS　恒温恒湿試験結果（85℃, 85%RT）

n	せん断強度（MPa）							
	初期強度	1,000hr	2,000hr	3,000hr	4,000hr	5,000hr	6,000hr	8,000hr
1	42.3	35.8	37.2	38.0	38.6	38.9	38.3	38.1
2	43.4	37.0	38.4	37.6	38.3	38.6	37.9	37.5
3	-	37.0	38.9	38.1	31.5	38.0	35.1	41.2
AVG.	42.9	36.6	38.2	37.9	36.1	38.5	37.1	38.9

表2　A6061/PPS　恒温恒湿試験結果（85℃, 85%RT）

n	せん断強度（MPa）							
	初期強度	1,000hr	2,000hr	3,000hr	4,000hr	5,000hr	6,000hr	8,000hr
1	45.8	40.3	39.5	38.5	39.0	40.7	41.9	41.6
2	44.0	39.1	38.8	38.7	39.7	39.5	41.1	39.1
3	-	40.2	38.5	38.8	40.0	39.4	40.1	41.9
AVG.	44.9	39.9	38.9	38.7	39.6	39.9	41.0	40.9

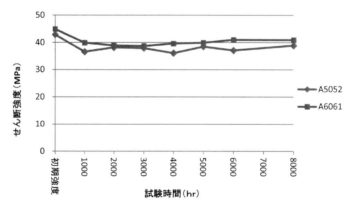

図2　恒温恒湿試験における接合強度推移（A5052, A6061）

でこのせん断強度を維持していることが分かる（図2）。A5052, A6061以外にも1,000番系を始め，7,000番系までの主要Alグレードについて，湿熱試験8,000hr終了後における接合強度はいずれも40MPa付近であることが確認できている。

　NMTの湿熱試験での挙動として，試験初期の状態から若干の強度低下を起こすが，その後そのせん断強度を維持することが特徴的である。これは金属／樹脂一体化物のAl表面に形成されている酸化被膜層が数nm程度の極薄い自然酸化被膜で覆われていると考えられ，これが高温高湿試験での水分子と温度によってAl処理面が変移（ベーマイト化）するのではないかと考えている（一般的には70℃以上の水に対してAlのベーマイト化は進行していく）。この過程で一旦は

第2章 射出成形（インサート成形）による接合

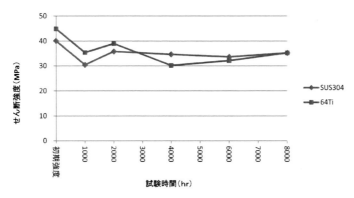

図3　恒温恒湿試験における接合強度推移（SUS304，64Ti）

強度が低下するが，一度腐食に対して安定な状態になってしまえば，後は水による腐食の影響を受けないのではないかと筆者は考えている。

　PPSは結晶性の高さや水と親和性の高い化学構造を持たないことから，一般的には吸水性の低い樹脂と周知されているが，それでも若干の吸水性はある（PPSの100℃での飽和吸水率は0.6%程度）。つまり，そのPPSを介して接合面に達した水分子がAl処理面を改質しているのではないかと。一見，上述した腐食による接合界面の破壊の記述と矛盾しているように思えるが，金属と樹脂間の隙間が大きく，そこから水分子が侵入してくる旧処理法と異なり，改良した処理法は金属／樹脂間の隙間から水分子の侵入はほとんどなく，PPS樹脂を介しての水の侵入のみと考えると，その絶対量は少なく，接合を破壊するまでの腐食は生じないのではないかと考えている。

1.8　アルミ以外の金属での湿熱性能

　図3はステンレス鋼，チタン合金における85℃，85%RTでの湿熱試験結果である。これらもNMTと同様に試験序盤で1～2割程度の強度低下を起こした後に，同水準でせん断強度を維持するという挙動を示す。これはAlと同様に湿熱試験直後に一旦は強度が低下するものの，樹脂と接合している金属表面が水と酸素の介入で，不動体化（酸化物バリアー層が水や酸素の金属内部への侵入を阻止する）を形成し，それ以後は腐食が進行しないのではないかと考えている。残念ながら8,000hrで接合強度を維持できる金属はステンレス鋼とチタン合金の一部でしか見出せていない。

　不動体化はアルミとクロム，チタンとその合金が起こし易い。これはアルミ，ステンレス鋼，チタン合金のみ湿熱性能を持たせることができることに合致する。つまり，湿熱性能を付与するには金属素地自体の腐食に対する耐性の高い金属に限定されるのだろう。

1.9　まとめ

　これまで金属／樹脂一体化物の湿熱性能の特性について述べてきた。NMTにおいてはAl処理

表面を腐食に対して耐性の高い表面状態にしておけば，湿熱性能のさらなる向上が目指せるのではないかと考えている。例えば，ベーマイト，アルマイトなどの耐食性の高いAl表面層を介して，なおかつそのAl表面層へ樹脂接合に適した微細凹凸を形成させてやれれば，樹脂との一体化後の耐湿熱性能を向上させられる可能性がある。現在，その概念の下，試行錯誤を繰り返しており，良さそうな系を見出そうと取り組んでいる。

　航空機や車などの移動機械は近年，燃費性能向上の為，その軽量化が叫ばれている。従来，金属で形成されていた部品も樹脂と金属の一体化品に代替えできれば軽量化は勿論のこと，設計の幅が広げられることにも繋がるだろう。しかし，移動機械における屋外環境の使用を想定すると，過酷な環境下に晒されることになり，これに長時間耐え得るには高い信頼性が求められる。この信頼性を向上させていく為にも，現状のアビリティーに満足することなく，さらに高みを目指していく姿勢を持ち続けることが，今後のNMT，新NMT技術の発展に必要だと確信している。

文　　献

1) WO 2004／041533
2) WO 2008／081933
3) WO 2009／011398

2 粗化エッチングによる樹脂・金属接合

林　知紀*

2.1 はじめに

　樹脂・金属接合技術は，樹脂と金属という異種の素材を組み合わせた新しい部品を製造するために必須の技術であると認識されつつある。従来の技術においては，ねじなどによる締結，接着剤による接着，部品形状を利用した嵌合などが用いられてきたが，樹脂と金属を界面レベルで直接接合させる技術が，部品設計の自由度の向上，部品の軽量化，水密性・気密性の付与という新しい付加価値をもって注目を集めている。

　樹脂・金属接合技術は主に金属の表面を何らかの方法で処理し，その金属表面に溶融した樹脂を接合させる技術であり，インサート射出成形で樹脂を成形すると同時に金属と接合させる工法が主流である。

　金属の表面処理方法は，アンカー効果を目的とした物理形状を作り出す方法と，接着能力のある化学物質などを表面にコートする方法の2種類が主流である。当社は金属表面に化学エッチングを用いて粗化形状を作り出す技術を開発しており，本稿では当社の開発したアマルファ処理における金属粗化処理表面について解説する。

2.2 アマルファ処理について

　アマルファ処理は化学エッチングで金属表面を不均等に溶解し，金属表面に微細な凹凸形状を形成する技術である。図1にあるように，凹凸形状のサイズは数ミクロンと小さいものであるが，アンダーカット形状を有することで凹凸形状内部に入り込んで固化した樹脂が抜けなくなり強固な接合性能を発揮する。アマルファ処理は金属を薬液中に浸漬することで表面処理を行う。

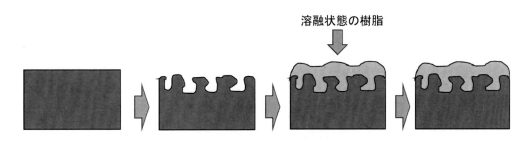

図1　アマルファ処理と樹脂・金属接合の概念図

---

*　Tomoki Hayashi　メック㈱　新事業開発室　営業・マーケティンググループ

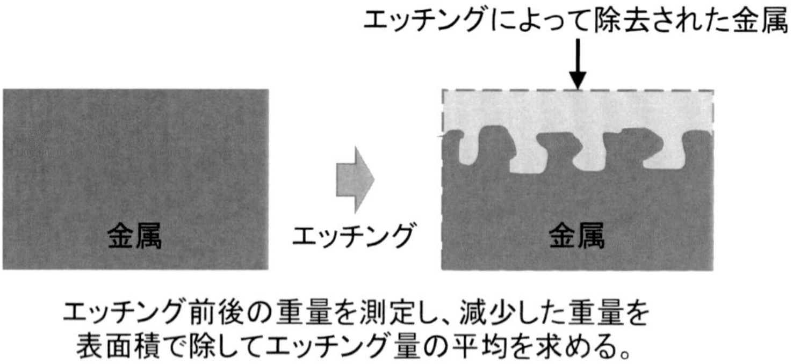

異種材料接合技術 ―マルチマテリアルの実用化を目指して―

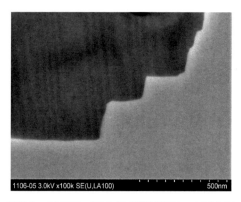

図2　重量法によるエッチング量測定

写真1　A5052・PPS 接合断面SEM ×100,000

　薬液は最終的には水洗によって洗い流され，処理後の金属表面に腐蝕性の薬液が残渣として残留することはない。
　エッチング量は金属種や処理目的によって変わってくるが，1〜20ミクロン程度である。エッチング量は溶解した金属重量を表面積で除することで求められるが（重量法），金属表面は不均等に溶解されるため，エッチングされた最深部の深さはエッチング量よりも深くなり，逆に最浅部では寸法変化はエッチング量よりも浅くなる（図2）。
　こうしてでき上がった粗化形状内部に溶融した樹脂が入り込むことになるが，樹脂の流動性が十分に高ければミクロンサイズの小さい形状の内部まで完全に樹脂が入り込む。写真1はアマルファ処理されたアルミにPPS樹脂をインサート成形したサンプルの接合界面の断面SEMであるが，10万倍まで拡大しても樹脂と金属の間に隙間は見られず，凹凸形状内部に存在していた空気は完全に処理表面外部に抜け出ていることが確認できる[1]。

2.3　各種金属での粗化形状

　アマルファ処理薬液は金属種や処理目的によって，それぞれ違う組成の薬液が使用されるが，

第2章　射出成形（インサート成形）による接合

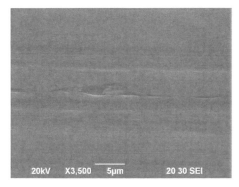

写真2　A1050 未処理 ×3,500

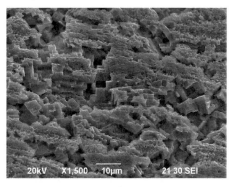

写真3　A1050 D処理 3 μm ×1,500

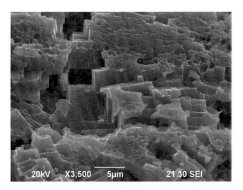

写真4　A1050 D処理 3 μm ×3,500

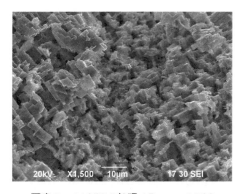

写真5　A1050 D処理 15 μm ×1,500

写真6　A1050 D処理 15 μm ×3,500

写真7　A2017 D処理 15 μm ×3,500

　例えばアルミ合金，銅合金といった大きな括りでは同じ薬液を使って処理することが可能である。ただし，合金種が違う場合は粗化形状が多少違ったものになる。また，同じ金属種でも薬液を変えることや処理時間を変更することで違った粗化形状を得ることができる。
　写真2～24は各種合金をアマルファ処理したものの表面および断面SEM画像である。写真の

異種材料接合技術 ―マルチマテリアルの実用化を目指して―

写真8　A3003 D処理 15μm ×3,500

写真9　ADC12 D処理 5μm ×3,500

写真10　A5052 D処理 15μm ×3,500

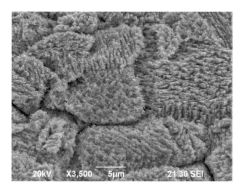

写真11　C1100 A-10201処理
4μm ×3,500

写真12　C2680 A-10201処理
4μm ×3,500

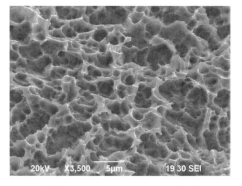

写真13　SUS304 A-10303処理
20μm ×3,500

キャプションは，合金名・処理方法・エッチング量・(断面)・撮影倍率を示している。表面SEMはアマルファ処理後の金属表面を撮影している。断面SEMは樹脂接合後に#10000のダイヤモンドペーストで研磨処理した後，イオンミリング装置(日立ハイテクノロジーズ製 IM4000

第2章　射出成形（インサート成形）による接合

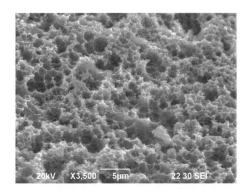

写真14　A1050 A-10101処理　1 μm ×3,500

写真15　A1050 A-10101処理　4 μm ×3,500

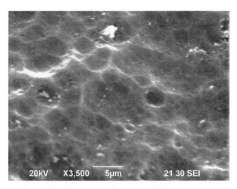

写真16　A1050 A-10101処理　8 μm ×3,500

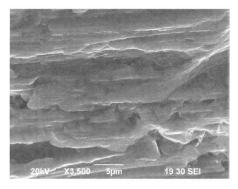

写真17　A1050 サンドペーパー処理
#500 ×3,500

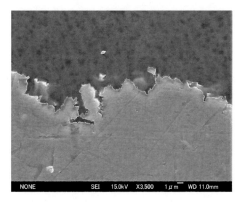

写真18　A1050 D処理　3 μm断面 ×3,500

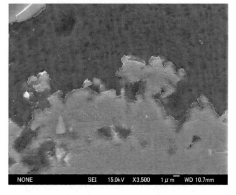

写真19　A1050 D処理　5 μm断面 ×3,500

PLUS）で仕上げ処理をしたサンプルを白金蒸着しFESEMで観察しており，写真の下部がアマルファ処理された金属で，上部が接合された樹脂である。樹脂中にガラスフィラーが見られるものもある（写真19, 21, 22）。

異種材料接合技術 ―マルチマテリアルの実用化を目指して―

写真20　A1050 D処理 15μm断面 ×3,500

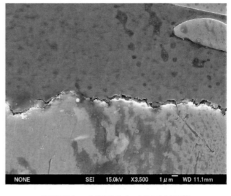

写真21　A1050 A-10101処理
1μm断面 ×3,500

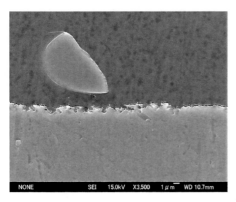

写真22　A1050 A-10101処理
4μm断面 ×3,500

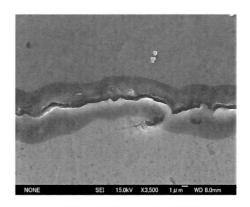

写真23　A1050 A-10101処理
8μm断面 ×3,500

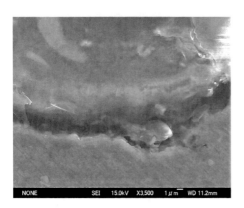

写真24　A1050 サンドペーパー処理
#500断面 ×3,500

第2章 射出成形（インサート成形）による接合

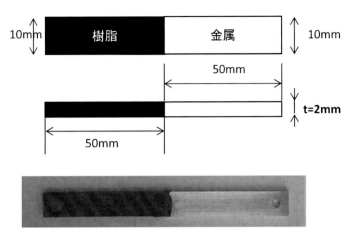

図3　ISO19095 type A突合せ試験片

　写真2，17，24は未処理およびサンドペーパー（#500）で研磨したもののアルミ表面および断面SEM写真である。アマルファ処理断面の形状を見ると（写真18～22），アンダーカットが形成されていることがわかる。このアンダーカット部分に樹脂が入り込んで固化するとアンカー効果により樹脂と金属が接合される。エッチング量によっても粗化形状は変化する。同じアルミ合金でも合金種によって粗化形状が違ってくる。

　エッチング量が足りない場合，過剰な場合では良好な粗化形状にならない場合もある。D処理3ミクロンの場合，局部的にはよい粗化形状ができているが（写真4），低倍率で表面を観察するとエッチングが十分に進行して島状の箇所（写真3）が残っている。D処理の処理時間を増やしエッチング量が増すにしたがって島状の箇所はなくなり，全面が良好な粗化形状となる（写真5）。

　またA-10101処理ではエッチング量が過大になると，粗化形状がなだらかなものになり，アンカー効果を発揮しなくなる（写真23）。

　サンドペーパー（#500）で研磨した表面でも粗化形状は形成されるが（写真17），アンダーカット形状が形成されない（写真24）ため，樹脂と金属は接合しない。未処理の金属面には圧延工程によるすじ状の形状が見られる（写真2）が，これもアンダーカット形状でないために樹脂と金属は接合しない。

2.4　インサート射出成形による接合強度測定サンプルの作成

　樹脂・金属接合部材の評価方法が2015年7月にISO19095として制定された。このISO19095には評価用サンプルの形状として，突合せ試験片（タイプA），重ね合わせ試験片（タイプB），ピール試験片（タイプC），封止試験片（タイプD）が規定されている。今回の試験では突合せ試験片（図3）を作成し，接合強度を測定した。金属材料はアルミA1050材をアマルファ処理した

異種材料接合技術 ―マルチマテリアルの実用化を目指して―

表1　接合強度測定結果

処理	エッチング量	接合強度（Mpa）	
A-10101	1 um	17.25	
A-10101	4 um	30.95	
A-10101	8 um	15.11	※1
D	3 um	30.13	
D	5 um	38.52	
D	15um	39.21	
サンドペーパー	#500	0	※2

※1　サンプルのうち1個が成形直後に破断したため，残った2個のサンプルの強度の平均を記載。
※2　サンプルのすべて（3個）が成形直後に破断した（接合強度0MPa）。

もの，およびサンドペーパーで研磨処理したものを用い，樹脂はPPS樹脂（ポリプラスチックス製 1135MF1）を使用し，金型温度120℃でインサート成形し，成形後に150℃3時間のアニール処理を施した。

2.5　インサート射出成形による接合強度測定結果

2.4項で作成した接合強度測定サンプルを万能試験機（島津製作所製オートグラフAGS-X 10N-10kN）を使用し，引張速度1mm/minでn＝3個の垂直引張強度を測定し，その結果を表1に示す。

良好な粗化形状が得られたD処理5ミクロン，15ミクロンのサンプルにおいては約40MPaの高い接合強度を示した。金属側の破断面を目視で観察すると，金属表面の大部分に樹脂が残っており，破壊モードが樹脂破壊であることがわかる。またSEMで観察すると，目視では界面破壊に見える部分にも数ミクロンの厚みの樹脂が残っており，全面が樹脂破壊となっている[2]。

D処理3ミクロンのサンプルは局部的には良好な粗化形状が得られているが，一部に島状の未処理部分が残っていたため，接合強度は30MPaと若干低い値となった。A-10101処理の場合，サブミクロンサイズの粗化形状ができているが，形状が小さすぎるためかアンカー効果が弱く，D処理のサンプルと比較すると低い接合強度となった。A-10101処理1ミクロン，4ミクロンのサンプルにおいては，成形後にはがれが生じており，部分的にしか接合していない状態となっていたため，接合強度もそれぞれ31MPa，17MPaと低いものになっている。

A-10101処理8ミクロンのサンプルは粗化形状がゆるやかなものとなっており，3個中1個のサンプルが成形直後に手で触っただけで破断するという結果となり，破断しなかったサンプルの強度も15.11MPaと低いものとなっている。サンドペーパーで研磨したサンプルはすべて成形直後に破断し，まったく接合しないという結果が得られた。

第2章 射出成形（インサート成形）による接合

2.6 考察

アンカー効果で樹脂・金属接合を実現するための金属表面処理において，アンダーカットの存在と粗化形状のサイズが重要であることがわかった。

粗化形状のサイズが小さい場合，樹脂が粗化形状の中に完全には入り込まない場合があり，部分的なはがれが発生する。今回の評価においては粗化形状のサイズが数ミクロン程度であることが良好であるという結果となったが，これに関しては樹脂の流動性や成形条件によって変化するものと考えられる。

今後，さらに多くの金属種において良好な粗化形状が形成できる薬液の開発を進めていくと同時に，より良好な接合を実現させる成形条件の確立を進めていきたい。

文　　献

1) 林知紀，秋山大作，日本接着学会第53回年次大会講演要旨集，p105（2015）
2) 林知紀，秋山大作，表面技術，**66**(8)，p352（2015）

第3章 高エネルギービーム接合

1 レーザ技術を用いたCFRP・金属の接合技術と今後の課題

三瓶和久*

1.1 はじめに

　航空機から自動車，情報機器，家電製品にいたる様々な製品の開発に際して，軽量化が重要な課題となってきている。軽量化の手法のなかでは，材料を軽量材に置き換えることが最も効果的であり，マルチマテリアル化と言われるように様々な軽量材が複合的に組み合わされて使用される状況が現実のものになってきている。

　自動車のボデーの軽量化の推移をみると，コスト面の制約があることから，まずは従来の主要構成材である鋼材の使用を前提に，鋼板を高強度化した高張力鋼板に置き換えて，より薄肉化することで軽量化が進められた。しかし，鋼板による軽量化にも限界があり，それにかわる軽量材として，アルミニウム，マグネシウムなどの非鉄金属，そして，樹脂材料への置き換えが進められつつある。また，鋼材に比べて比強度，比剛性ともに圧倒的に高く，軽量化材料として最も優れていると言われるCFRP（炭素繊維強化プラスチック），CFRTP（炭素繊維強化熱可塑性プラスチック）の適用も始まりつつあり，まさに自動車ボデーのマルチマテリアル化が定着しつつある。

　マルチマテリアル化を実現するためには異種材料の接合が不可欠であるが，一般に異材の接合は容易ではなく，様々な課題を有している。特に，樹脂材料の適用には，樹脂材料と金属材料という物性の大きく異なる材料を接合する新しい異材接合技術の開発が不可欠となる。これまで，これらの接合には接着，および，接着にリベットなどの機械的結合が組み合わされて用いられてきた。しかし，今後，CFRPを含めた樹脂材料の接合をさらに拡大していくためには，生産性が高く，量産ラインへの適用が可能な異材接合技術の開発が必須とされており，現在も，種々の接合技術の開発が進められている。

　ここでは，現在，進められている樹脂と金属，CFRPと金属の異材接合技術についてレーザを用いた接合技術を中心に開発の状況を紹介する。

1.2 自動車の軽量化と材料の変遷

　自動車材料の構成比率の変遷を図1に示す。これまでの主要構成材料である鋼材は，高張力鋼板による薄肉化の要因もあり，その重量比率が年々減少している。それにかわる軽量材として，アルミを主とする非鉄金属の比率が約10%，樹脂材料の比率が約15%と樹脂材料への置換も積極

---

*　Kazuhisa Mikame　㈱タマリ工業　レーザ事業部　理事

第3章 高エネルギービーム接合

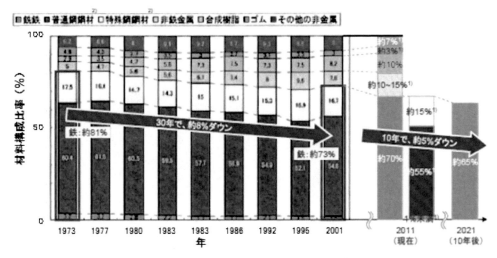

図1　自動車に使用される材料の構成比率の推移

的に進められると予測されている[1]。

自動車のボデーについて、これまでの軽量化の推移をみると、まずは従来の主要構成材である鋼材の使用を前提に、高張力鋼板により鋼板を高強度化して薄肉化する方法により軽量化が図られてきた。90年代には440MPa、2000年には590MPa級が一般的となり、超高張力鋼板とも言われる980MPa、さらに1,180MPa、1,470MPa級も登場してきた。それと並行して、テーラードブランク材による板厚の最適化による軽量化も進められてきた。また、鋼材による軽量化ではレーザ溶接による連続溶接を適用して構造を最適化することで軽量化を図る手法も実用化されている。

しかし、鋼材による軽量化にも限界があり、使用比率は年々減少している。それにかわる軽量材として、アルミを主とする非鉄金属、樹脂材料への置換が積極的に進められている。また、鋼材に比べて比強度、比剛性ともに圧倒的に高く、軽量化のための材料としては最も優れているCFRP（炭素繊維強化プラスチック）、CFRTP（炭素繊維強化熱可塑性プラスチック）の適用も欧州のフェラーリ、ランボルギーニに代表される超高級車に限定的に採用されていたものが、国内のLexus、欧州のBMWなどの高級車ではあるが量販車への適用が始まりつつある。まさに自動車ボデーのマルチマテリアル化が進みつつある。

1.3　自動車構成材料のマルチマテリアル化と異材接合

鋼材に加えて、アルミ、樹脂、CFRPなどの軽量材料を適用してマルチマテリアル化を進めるためには、これらの材料の組み合わせによる異種材料の接合技術の開発が不可欠である。異種材料の接合に際しての課題を図2に示す。異種材料の接合では融点、熱膨張係数などの物性の違いが課題となる。従来の熱伝導型の接合での融点差の問題は、レーザのような高エネルギー密度の熱

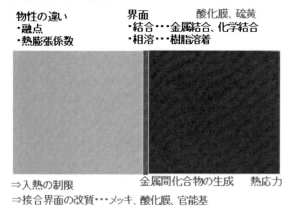

図2　異種材料接合のポイントと課題

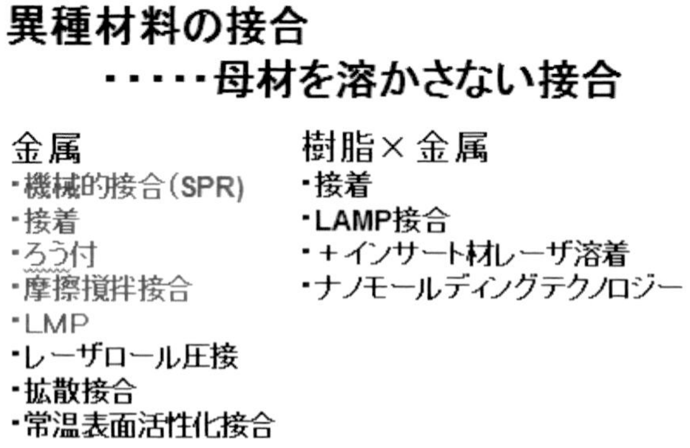

図3　異種材料の接合技術

源を用いることで克服できる。また，熱膨張係数の差によって生じる熱応力の問題に関しては，設計的な対応と合わせて，応力緩和層を接合界面に配することも対策の1つとして検討されている。もう1つの大きな課題が接合界面の問題である。金属材料の場合ではアルミと鉄鋼材料の接合にみられるように，硬くて脆い金属間化合物層が接合界面に生成し，継手強度の低下を引き起こす。そのためその対策として，入熱量を減らす，特に，接着，接着と機械的締結の併用，摩擦撹拌接合，ろう付などの母材を溶かさない接合技術の開発が進められている。一方で樹脂と金属の接合技術も金属材料側に微小な溝，突起を形成し樹脂材料とのアンカー効果により接合強度を確保する方法や，界面の酸化物層を利用する方法，官能基をブレンドしたエラストマーを中間に挟みこみ接合界面に化学的な結合状態を得る方法など，種々の接合技術の開発が進められている（図3）。

第3章　高エネルギービーム接合

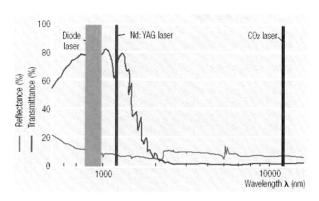

図4　樹脂材料のレーザ光透過特性

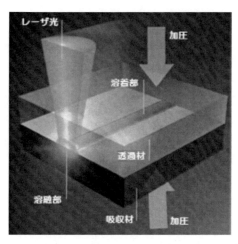

図5　樹脂材料のレーザ溶着技術

1.4　樹脂材料のレーザ溶着技術

　樹脂材料は軽量材として，様々な部品に適用されているが，接合技術としてレーザ溶着技術の適用が進んでいる。樹脂材料のレーザ溶着は半導体レーザ，ファイバーレーザなどの波長が1μm近くのレーザ光が，樹脂材料を透過する性質（図4）を利用したものである。溶着する樹脂部材の一方を，レーザ光を透過する透過材とし，もう一方はレーザ光を吸収する材料，例えばカーボンブラックなどを混練して吸収材とする。透過材を上にして重ねてセットし，透過材側からレーザ光を照射することで吸収材の表面を溶融させ，熱伝達で透過材も溶融させることで両者を相溶させて溶着する接合技術である（図5）。

　レーザ樹脂溶着は，レーザマーカーを利用した自動車のキーレスエントリー式のキーケース（図6）への適用から始まり，トヨタ自動車のインテークマニホールドのサージタンクとACISバルブの接合（図7），最近では，ルノーのバックドア（図8）の接合にも適用されるなど，適用

異種材料接合技術 ―マルチマテリアルの実用化を目指して―

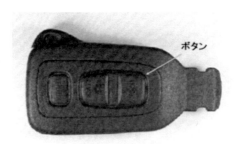

図6　キーケースのレーザ溶着

図7　インテークマイホールドのレーザ溶着

図8　バックドアのレーザ溶着

第3章　高エネルギービーム接合

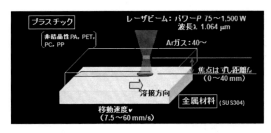

図9　樹脂と金属の接合技術

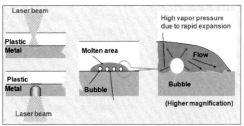

図10　LAMP接合技術
（大阪大学　片山研究室）

部品が大型化し，軽量化に貢献している。

1.5　樹脂と金属のレーザ溶着技術

　熱可塑性樹脂と金属の接合手段として各種の接合技術が提案されてきている。その手法を分類して図9に示す。化学的な結合を主とする方法とアンカー効果を主とする機械的結合による方法とに大別され，それを実現するための様々な接合技術が提案されている。

1.5.1　化学的な結合による方法

　樹脂と金属をレーザ加熱により直接接合する手法としてLAMP接合 (Laser-Assisted Metal and Plastic Joining) が提案されている[2,3]。樹脂材料をレーザ照射により加熱し，接合界面近傍に微細な発泡を生じさせる。その内部圧力の生成を利用して金属表面の酸化膜層と樹脂の界面を接近させて，金属と樹脂との強固な接合を達成している（図10）。

　また，樹脂と金属間に，官能基を配合したエラストマーをインサート材として配して，エラストマーを加熱，溶融させることで，エラストマーと樹脂材料間は相溶により，エラストマーと金属材料とは配合された官能基の作用により化学的な接合を生じさせ，接合強度を得る方法が開発

異種材料接合技術 ― マルチマテリアルの実用化を目指して ―

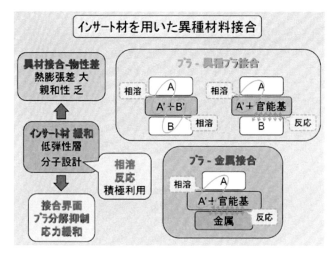

図11　エラストマーを用いた樹脂と金属の接合
（岡山県工業技術センター）

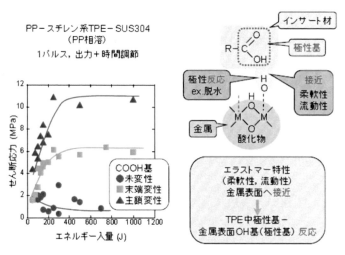

図12　接合機構：官能基の効果

されている（図11, 12）[4,5]。エラスマーには樹脂と金属の熱膨張差による熱応力を緩和する作用を併せ持たせている。

また，同様の方法として，樹脂と金属間に，熱接着性PPSフィルムを配して，熱融着する方法が提案されている。PPS樹脂の長期耐熱性や難燃性などの優れた特性を維持しながら，金属や繊維シートなどの異素材とも強固に熱融着ができる高機能PPSフィルムが開発されており，主に異素材との熱ラミネートによる複合材として，モーター絶縁材料，リチウムイオン電池材料，燃料電池材料など幅広い用途への適用が期待されている[6]。

第3章　高エネルギービーム接合

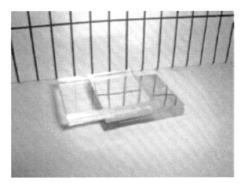 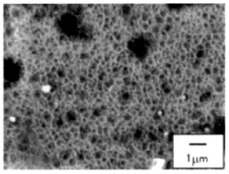

図13　陽極酸化による樹脂と金属のレーザ接合
（名古屋工業大学）

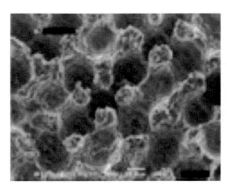 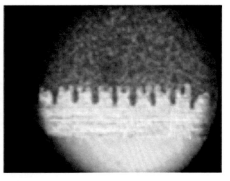

図14　レーザによる溝形成による樹脂と金属の接合
（ポリプラスチックス）

1.5.2　機械的な結合による方法

　機械的な結合による方法として，各種の方法が提案されている。金属側の表面層に微細な空孔を形成し，この空孔に樹脂材料を流入させることでアンカー効果を発現させ機械的に結合する手法が主とされている。

　空孔の形成方法の一つとして，アルミ材料の表面にリン酸による陽極酸化処理を施す方法が提案されている。陽極酸化処理を施すことによりアルミ材料の表面層には微細孔が形成される。樹脂材料としてアクリル樹脂を使用して，この微細な空孔にレーザ加熱により軟化，または溶融させた樹脂材料を流入させ，アンカー効果を発現させることで，高い接合強度が得られることが報告されている[7,8]（図13）。樹脂の流入状態をSEM観察することで手法の確実さを検証している。

　また，通常は単層の陽極酸化被膜を多層化した多層膜陽極酸化処理により，アルミニウム合金と樹脂との接合強度を向上する手法も提案されている。アルミ合金に2種類の陽極酸化処理を施し，上層の微細な凹凸に樹脂材料が流入して硬化することでアンカー効果などにより高い接合性を発揮し，下層で耐食性を確保している。

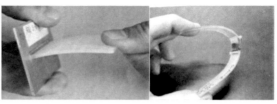

図15 レーザによる突起形成による樹脂と金属の接合
(TRUMPH GmbH)

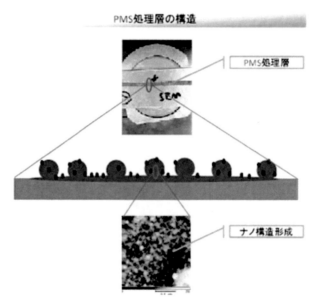

図16 レーザクラッディングによる突起形成による樹脂と金属の接合
(㈱輝創)

金属の表面にレーザを照射して局部的に除去することにより空孔を形成し,この空孔に樹脂を流入させることでアンカー効果を発現させる手法も提案されている[9,10](図14)。この技術は,ステンレス,アルミをはじめ,様々な金属部材に適用可能である。また,従来の接着剤による接合や金属表面の薬液処理による接合とは異なり,溶剤や廃液,廃棄物などの発生がないドライプロセスであるため,環境負荷低減にも貢献できるとしている。

最近ではより高度な方法として,金属表面に突起を形成し,これを樹脂材料に貫入させることで機械的に接合する手法が提案されている。

突起を形成する方法として,スキャナーを使用してレーザを走査することで金属表面に特殊な突起形状を形成する手法(図15),レーザクラッディング(PMS処理)により金属表面にナノ〜マイクロサイズの微細突起構造を形成する手法(図16)が提案されている[11,12]。溶融,軟化した

第3章　高エネルギービーム接合

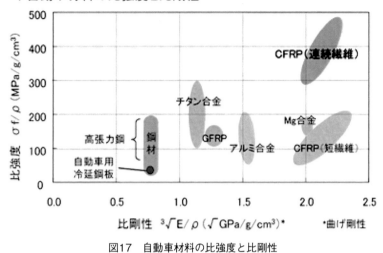

図17　自動車材料の比強度と比剛性

図18　Aston Martin Vanquish

樹脂材料に形成した突起を貫入させることでポジティブアンカー効果を発現させることにより，金属と樹脂材料の接合を実現している。

1.6　CFRPと金属材料の接合
1.6.1　CFRPの自動車部材への適用と課題

　自動車にとって軽量化は重要な課題であり，その中でも軽量材料への材料置換が最も効果的な手法とされている。図17は各種材料の比強度と比剛性を示したものである。現状は高張力鋼板，アルミ材料の適用が主流であるが，CFRPは他の材料と比較して比強度，比剛性ともに圧倒的に高く軽量化のための材料としては最も優れている。

　CFRPは海外において，いわゆるスーパーカーと呼ばれる価格が数千万円で生産台数も少なく，コスト，生産性が課題とならないフェラーリ，ランボルギーニ，アストンマーチン（図18）など

異種材料接合技術　―マルチマテリアルの実用化を目指して―

図19　Lexus LFA

図20　BMW i-3

のボデー，および，骨格部材に適用されてきた。CFRPの基材として用いられている熱硬化性のエポキシ樹脂は接着性に優れており，その接合には接着が主に用いられている。接合部位の特性によりエポキシ系，アクリル系，ウレタン系の各種接着剤が使い分けられており，10年を超える市場での実績を有している。部位によってはリベット，ボルト締結などの機械的な締結手段と併用されている。

　しかし，CFRPはコスト，生産性の課題があり，日本国内では生産台数が少ないスポーツタイプに代表される高級車の一部にエアースポイラー，プロペラシャフト，ラジエタサポートなど部品としての適用が進められてきた。しかし，近年，限定生産車ではあるがCFRPを大幅に採用したトヨタ自動車のLexus LFA（図19）が販売され，また，Lexus RCFにCFRP製のフードとルーフが採用されるなど，軽量材としてのCFRPのボデーへの適用が進みつつある。また，海外ではBMWが新しいコンセプトのシリーズとしてi-3（図20）の販売を開始し注目を集めている。

　CFRPの課題の一つである生産性についてCFRP成形のサイクルタイムと成形品サイズの関係として図21に示す。超高級車のボデー外板，骨格は部材が大きく，生産量も少ないことから熱硬化性のエポキシ樹脂を基材とするCFRPをプリプレグ成形している。生産台数10,000台／年規模の高級車に使用されるフード，ルーフはRTM成形で生産されている。RTM成形のサイクルタイムは2～3時間と言われてきたが，ハイサイクル一体成型技術の開発が進められ，サイクルタイ

第3章 高エネルギービーム接合

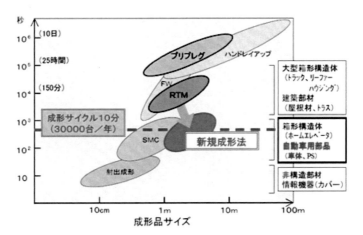

図21　CFRP成形のサイクルタイムとサイズ

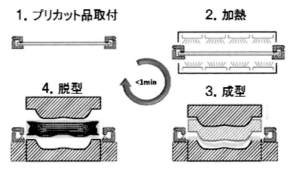

図22　CFRTPのホットプレス

ムが約10分と画期的に短縮されている。しかし，CFRPを量産車に適用するにはサイクルタイム1分以下が必要とされ，PAなどの熱可塑性樹脂を基材とするCFRTPの開発が進められている。加温により再溶融させることが可能なCFRTPはホットプレス（図22），射出成型などにより1分以下での成形が可能となる。CFRTPにより生産性の課題はクリアされつつある。

1.6.2　熱可塑性CFRTPの接合技術

トヨタ自動車の燃料電池車MIRAIのスタックフレームに熱可塑性のCFRTPが採用されているが，金属部材との接合には実績のある接着とリベットの併用が採用されている。しかし，接着剤は環境面から揮発性有機化合物（VOC）の排出規制が制定され，接着剤の排出量の制限や接着時間が長い，継手強度が低いといった問題がある。また，機械的接合法では別の機械加工工程や接合用部品が必要であるため設計の自由度が制限され，生産性の向上が難しいなどの課題があり，新しい接合技術が要望されている。熱可塑性樹脂は熱硬化性樹脂に比較して接着性に劣るが，加温することにより軟化，溶融する。先に紹介したレーザを活用した樹脂材料と金属の接合技術はいずれも熱可塑性樹脂を基材とするCFRTPに適用することが可能である。

異種材料接合技術 ―マルチマテリアルの実用化を目指して―

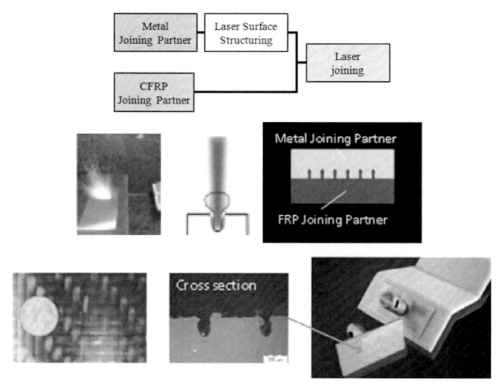

図23　レーザによる溝形成によるCFRTPと金属の接合
(Fraunhofer ILT)

(1) レーザ溝加工によるCFRTPと金属の接合

　レーザにより金属表面に溝を加工し，CFRTPの基材である熱可塑性樹脂を加熱して溶融し，溝に充填することで機械的に接合する方法が提案されている（図23）。

(2) エラストマーを用いたCFRTPと金属の接合

　前述のエラストマーをインサート材とした異種材料のレーザ接合技術もCFRTPと金属の接合に適用可能である。しかし，自動車に適用するためには，接合幅を大きくして接合面積を拡大し，接合強度を向上する必要がある。また，熱可塑性樹脂は過加熱されると変質，発泡が生じ強度が低下する。例えばPA6は215℃で溶融し，315℃で変質，発泡が生じる。そのため接合幅方向の温度変化が少ない均質な加熱が必要要件となる。レーザビームの強度分布をシュミレーションし，回折光学素子（DOE）を使ってレーザの強度分布を整形することで均質加熱を可能とする方法が提案されている[13,14]。アルミ板A5052，板厚t＝2mmの加熱時の温度分布のシミュレーション結果から図24に示す16×16mmの正方形で，$w = U(x)(0.8y^6 + 0.2)$ のU字分布熱源が採用された。裏面の温度分布の計測結果を図25に示すが，接合幅10mmでの中央部と端部の温度差は20℃まで均質化されている。

第3章　高エネルギービーム接合

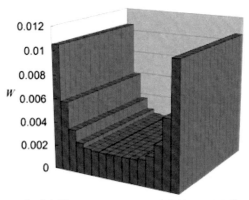

図24　U字分布熱源；シミュレーション結果

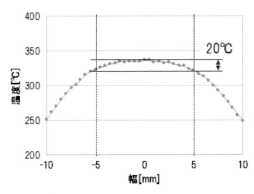

図25　アルミA5052背面の温度分布

　PAをベースとしたCFRTP板厚t＝3mmとアルミ板A5052，板厚t＝2mmを図26に示す構成でレーザ溶着して試験片を製作し，引張強度試験を行われている。その結果を図27に示す。10MPa以上の強度が得られている。また，破断部の外観写真を図28に示す。接合幅10mmの均質な溶着状態が得られている。また，A5052側にエラストマーの残存が認められ，凝集破壊であることが確認されている。

1．7　今後の課題と展望
　自動車を軽量化するための軽量材の適用はこれからも拡大し，マルチマテリアル化が，さらに進展していくと予想されている。異種材料の接合技術開発の必要性，重要度もますます高まってきている。高級車ではあるがBMWのi3，トヨタ自動車のレクサスRCFなどの量販車にCFRPが採用される時代になってきた。生産量の多い量販車には生産性の高いCFRTPの適用が進むと予想されており，樹脂材料メーカ各社が開発を進めている。量販車にCFRTPを適用するためには

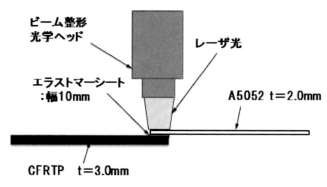

図26　試験片の製作

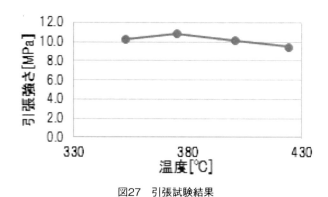

図27　引張試験結果

図28　破断部外観写真　凝集破壊

第 3 章　高エネルギービーム接合

接合技術の開発が必須とされており，より信頼性が高く，より大きな接合面積が確保できる接合技術への進化が望まれている。CFRTPの適用部位により，これらの新しい技術を選択して，適用検討が進められ，量産技術として確立されていくことが期待されている。

文　　　献

1) 自動車工業会，日経新聞2011. 9. 1
2) 片山聖二ほか，金属とエンジニアリングプラスチックのレーザ直接接合，レーザ加工学会講演論文集，2007. 5（2007）
3) 西本浩司ほか，LAMP接合法による金属樹脂直接接合と異種金属接合への展開，レーザ加工学会誌，**22**(3)(2015)
4) 水戸岡豊ほか，インサート材を用いたプラスチック・金属接合における金属表面の影響，レーザ加工学会誌，**15**(3)(2008)
5) 日野実ほか，熱可塑性エラストマーをインサートしたアルミニウム合金—プラスチック間のレーザ接合，レーザ加工学会誌，**22**(3)(2015)
6) 東レ㈱　ホームページ，異素材との高い熱接着性を実現した高機能PPSフィルムを開発，http://cs2.toray.co.jp/news/toray
7) 早川伸哉ほか，アルミニウムと樹脂のレーザ接合における接合面の断面観察と接合強度の評価，レーザ加工学会講演論文集，2012. 12（2012）
8) 大村崇ほか，金属と樹脂のレーザ接合における接合強度の向上，電気加工学会全国大会2008講演論文集（2008）
9) 近藤秀水，画期的な金属と樹脂の接合技術，プラスチックス，2012年5月号（2012）
10) ポリプラスチック㈱　ホームページ，https://www.polyplastics.com/jp/support/proc/laseridge/index.html
11) 前田知宏，レーザーとプラズマによる金属・樹脂接合（上）（下），日経ものづくり，2015年9月号，2015年10月号（2015）
12) 輝創㈱　ホームページ，http://kisoh-tech.com/
13) 三瓶和久ほか，CFRTPと金属のレーザ溶着技術の開発，レーザ加工学会誌，**22**(3)(2015)
14) 三瓶和久，薄板・新素材におけるレーザ溶接の潮流，溶接技術，2015年5月号（2015）

2　電子ビーム溶接による銅とアルミニウムなどの異種金属接合

花井正博[*1]，吉川利幸[*2]

2.1　はじめに

　電子ビーム溶接法は，1960年代に欧州からもたらされたのが日本における始まりである。当社（当時三菱電機㈱）は量産品である自動車部品への適用を現実化するために，装置の信頼性，生産性，安定性の向上に成功し国内メーカーとして日本の自動車関連メーカーへ多くの電子ビーム溶接機を納入している。さらに自動車業界だけでなく重工から電子デバイスまで幅広い分野を対象としており1974年に第一号機を納入してから2015年には累積納入台数1,300台を達成した。

　次世代自動車部品は，ハイブリッド車，電気自動車，燃料電池車に適用されるため電気良導体である銅や軽量化材料であるアルミといった非鉄金属の割合が格段に多くなっている。難溶接材料といわれる銅やアルミやその他非鉄金属の溶接では，その溶接品質において電子ビーム溶接法が最も優れている。電子ビーム溶接は一般にあまり知られていないかあるいは生産性が低い，高価といった当を得ないイメージで認識されていることが多いが，自動車パワートレイン部品の溶接には電子ビーム溶接機が量産機として数多く活用されている。本稿では，電子ビーム溶接の原理と特長を説明し，今回のテーマである異種材の接合に関する適用事例および実際の溶接機の一例について紹介する。

2.2　電子ビーム溶接法について
2.2.1　原理

　電子ビームを発生する電子銃の構成を図1に示す。陰極は，当社独自の直径4mmの棒状純タングステンである。他メーカーのフィラメントやリボン形状の陰極に対して消耗の度合いが少なく，ビーム品質と照射位置の再現性と安定性に優れ，長寿命でかつ交換容易である。これらのことが自動車部品への適用を促進した大きな要因である。この棒状タングステン陰極を2,500℃以上の高温に加熱し，その表面から放出される熱電子を陽極との間に印加する加速電圧で引き出し，加速する。バイアス電極は陰極と陽極の間にあって，電位を陰極よりも低くして制御することにより陰極から出てくる電子の量をコントロールしている。陽極の中央の穴を通過した電子は収束コイルが形成する磁界で収束させる。電子の流れである電流と磁界の作用いわゆるフレミングの左手の法則により電子に中心軸に収束させる力を与える。この収束コイルに流す電流は任意に制御できるので焦点位置を電気信号で設定することができるため，レーザーのように焦点の異なった光学レンズに付け替えたり，加工ヘッドを移動させたりする必要はない。

　また収束コイルの直下に偏向コイルがあり，これが形成する2次元の磁場で中心部を通過する電子ビームを偏向させることにより，高速オッシレーション，高速スキャニング，マーキング加

　[*1]　Masahiro Hanai　多田電機㈱　応用機工場　営業部　部長
　[*2]　Toshiyuki Yoshikawa　多田電機㈱　応用機工場　第一製造部　ビーム計画課　課長

第3章　高エネルギービーム接合

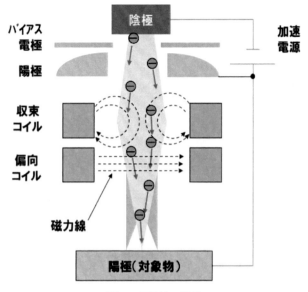

図1　電子銃の構成

工などを可能にする。このような電子ビームの発生原理および構成は，かつてのテレビで採用されていたブラウン管と同じであり，溶接用に電子ビームの出力を増大させ真空排気を強化し連続運転するようにしたものである（図2）。

　ここで電子の性質について解説する。電子は荷電粒子であるため母材に衝突したときにその一部分が反射され反射電子となる。これを計測に利用しているのが反射電子顕微鏡である。電子は波の性質も持っており，加速電圧の大きさによってその波長は変わる（ド・ブロイ波）。例えば加速電圧が40kVの場合，電子が持つ換算波長は，約6pmとX線とほぼ同じレベルの短い波長となる。従って銅やアルミといった1μm以上の波長に対して高い反射率をもつ材料に電子を照射した場合，一部の電子は表面で反射するが大部分は材料の中へ侵入し，持っていた運動エネルギーが熱エネルギーに変換されて材料を溶融させる。電子の侵入深さは加速電圧や材料（原子番号）によって異なるが，鉄の場合，加速電圧40kVで約5μmくらいである。このように電子ビームは銅やアルミ材料に対してもその約85％以上のエネルギーが効率よく材料に注入される。

2.2.2　特長

　前述のような特長をもった電子ビームが材料に照射されると，エネルギー密度が高いため照射された領域が瞬間的に蒸発し，キーホールと呼ばれる穴が形成される。その様子を図3に示す。キーホールの周りの溶融金属は，電子ビームの移動と共に後方へ流動し，周囲の母材で冷却されて凝固し溶融ビードを形成する。この現象はレーザービームでも同様であるが，レーザーは溶接部に発生するプラズマでレーザーの吸収や屈折が起こり母材に入るエネルギー密度が減少し，溶込み深さが浅くなる。一方，電子ビームは真空中で溶接するので蒸発物質はシールドガスと衝突

異種材料接合技術 —マルチマテリアルの実用化を目指して—

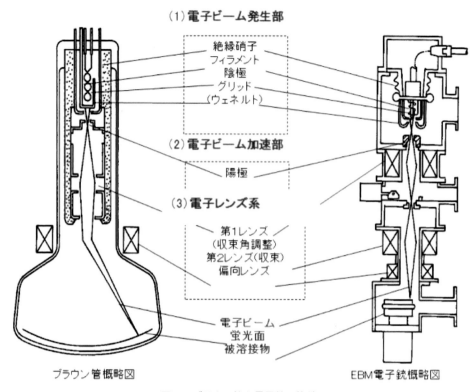

図2　ブラウン管と電子銃の比較

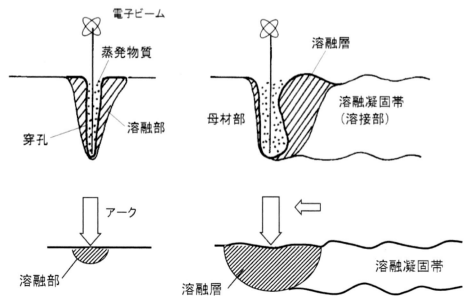

図3　キーホール溶接（上）と熱伝導溶接（下）

第3章　高エネルギービーム接合

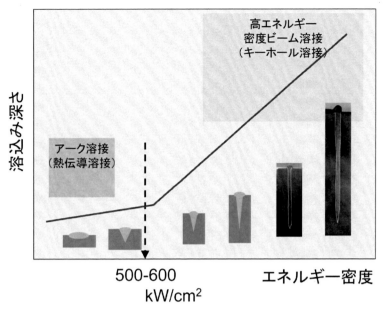

図4　エネルギー密度による溶け込み形状の変化[1]

することなく真空空間へ飛んでゆく。そのため電子ビームの散乱はほとんど起こらずエネルギー密度は低下しないので，溶け込み深さが浅くなることはない。アーク溶接の場合はエネルギー密度が小さいのでキーホールは形成されず，熱伝導で表面から徐々に溶融していくため表面ビード幅が広く溶け込み深さが浅い，いわゆる熱伝導溶接になる（図4）。電子ビームとレーザービーム（CO_2レーザー，YAGレーザー）で比較したSUS304の溶け込み断面を図5に示す。

電子ビーム溶接の特長の一つである真空中溶接は活性金属の溶接に非常に有効に働く。真空雰囲気では酸素，水，窒素などのガス分子がほとんどないので酸化や窒化はほとんど起こらない。従ってTi，Nb，Mo，Wといった高温で酸化しやすい材料でも高品位の溶接が可能になる。電子ビーム溶接の特長をまとめると下記のとおりである。

① 高エネルギー密度のためキーホール溶接となり熱変形やひずみが少ない
② エネルギー吸収率が高く，銅，アルミニウムといった難溶接材でも溶接が容易である
③ 高速ビーム偏向機能でブローホールなどの溶接欠陥の防止を可能にする
④ 真空中溶接によりTiやMoといった高融点金属や活性金属の溶接に最適である

2.2.3　他工法との比較

電子ビーム溶接は，図6に示す各種溶接法のなかで，材料を溶融凝固させて接合する融接法の一つの方法として位置付けられる。エネルギー密度は最も高く$10^6 W/cm^2$以上である。融接法は，図7および表1に示すように溶接対象である母材，溶加材，それらを溶かす熱源，そして大気を遮断する雰囲気を形成するシールドガスという要素で構成される。これらの構成要素を電子ビーム溶接，アーク溶接，レーザービーム溶接で比較すると，それぞれ特徴がある。

異種材料接合技術 ―マルチマテリアルの実用化を目指して―

	加工条件 welding condition		
	EB	CO2	LD・YAG
材料 material	SUS 304		
加速電圧 accelerating voltage	60kV		
集光距離 focusing length	250mm	250mm	125mm
雰囲気 atmosphere	Vaccum	Ar gas	Ar gas
溶接断面 cross section			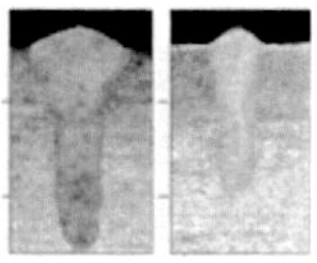

図5　溶け込み断面の比較（電子ビーム，レーザー）

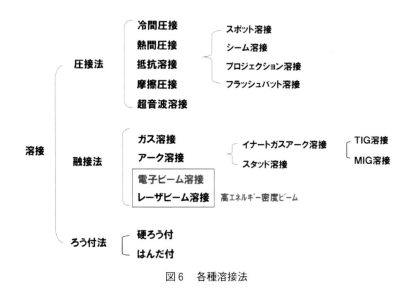

図6　各種溶接法

　電子ビーム溶接，レーザービーム溶接は基本的に接合面に隙間を作らない，はめあい継手とするので，ギャップや開先を埋める溶加材は使用しない。また，電子ビーム溶接は真空環境で行うためシールドガスについては不要であるが，真空環境を形成するための真空槽と真空排気システ

第3章　高エネルギービーム接合

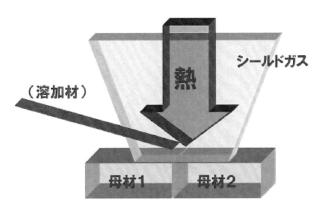

図7　融接法の構成要素

表1　融接法の構成比較

	電子ビーム溶接	レーザー溶接	アーク溶接
溶加材	不要	不要	必要
熱源	電子	レーザー	アーク
シールドガス	真空	不活性ガス（Arなど）	不活性ガス（Arなど）

M/T ギア

A/Tシャフト

ターボチャージャー

図8　自動車部品への適用事例

ムが必要となる。しかしながら，真空中溶接であるため溶接品質において格段に優れ，ブローホールが圧倒的に少なく，TiやNbなどの活性金属の高品質な溶接が可能となる。

2.2.4　適用用途

　当社電子ビーム溶接機の主な適用用途は自動車部品である。自動車部品の溶接に多く適用されている理由は，溶接品質が高く安定していること，自動化が可能であり月産数万個以上の量産に適していること，またランニングコストが安いことなどである。図8に当社電子ビーム溶接機で生産している自動車部品の一例をあげる。変速機用の部品であるオートマチックトランスミッションギア（A/T）の溶接は電子ビームの最も多い適用用途であり，前述の理由に加え熱ひず

表2 異種金属の組み合わせにおける溶接性

凡例:
1. 問題なし
2. 可能
3. 可能性あり
4. 困難
5. 不可能

	Ag	Al	Au	Be	Cd	Co	Cr	Cu	Fe	Mg	Mn	Mo	Nb	Ni	Pb	Pt	Re	Sn	Ta	Ti	V	W
Al	2																					
Au	1	5																				
Be	5	2	5																			
Cd	2	5	5	4																		
Co	3	5	2	5	3																	
Cr	2	5	3	5	3	2																
Cu	2	2	1	5	5	2	2															
Fe	3	5	2	5	3	2	2	2														
Mg	5	2	5	5	1	5	5	5	3													
Mn	2	5	5	5	3	2	2	1	2	5												
Mo	3	5	2	4	4	5	1	3	2	3	3											
Nb	4	5	4	5	4	5	5	2	5	4	5	5										
Ni	2	2	1	5	3	1	2	1	2	5	4	2	4									
Pb	2	5	5	4	2	2	2	2	2	5	5	5	5	1								
Pt	1	5	1	5	5	1	1	1	1	5	5	1	1	3	4							
Re	3	4	5	3	4	5	3	3	5	4	4	1	1	5	2	2						
Sn	2	2	4	5	2	5	1	5	5	5	5	1	1	5	4	5	3					
Ta	5	5	5	5	4	5	5	5	5	4	5	1	1	5	5	5	5	5				
Ti	2	5	4	3	5	5	1	5	1	3	5	1	1	5	4	5	5	5	1			
V	3	5	5	5	4	5	3	3	5	4	5	1	1	5	3	1	5	3	5	2		
W	3	5	3	5	4	5	1	3	5	3	3	5	1	5	5	5	5	5	1	1	5	
Zr	3	5	5	5	3	5	5	5	5	3	5	5	1	5	5	5	5	5	2	1	5	5

第3章 高エネルギービーム接合

みが極小で後加工が省略できるということも適用理由の一つである。最近，燃費改善要求から増加しているのがターボチャージャー部品である。これは耐熱合金であるインコネルを精密鋳造した羽根車と強度の高い低合金鋼（クロムモリブデン鋼）の軸を溶接している。ここで電子ビームが発揮する特長は低熱影響であり，軸の倒れが少ないこと，熱影響層が小さいことである。その他市場への適用事例の紹介は省略する。

2.3 異種金属材料の溶接事例

電子ビーム溶接は，熱源としての制御性が良い（必要な個所に必要な熱量を注入することができる）ので，異種金属接合への適用可能性が高い。表2に異種金属の各種組み合わせにおける溶接性を示す。本来は製品の接合品質に対する要求性能で溶接可否が判定されるものであるが，ここでは一般的な判断基準を示している。以下ではこれまでの異種金属の接合事例の一部を紹介する。

2.3.1 銅-銅合金の接合事例

これはシャント抵抗を構成する材料の銅と銅マンガン合金（マンガニン）の接合事例で図9に示す。銅マンガン合金を無酸素銅で挟んだ構成で，その突き合わせ面2か所を電子ビームで溶接する。断面写真に示す通りほぼストレートな溶融断面を形成している。

2.3.2 銅-アルミの接合事例

図10〜12に銅とアルミの接合事例を示す。

図10は，銅とアルミの丸棒を突合せ溶接した事例である。直径はϕ20mmである。アルミ側に黒色の領域が見られるがこれはアルミと銅が溶融してできた金属間化合物である。

図11は，銅（下側，板厚1mm）とアルミ（上側，同3mm）の板材の接合断面である。アルミ側から電子ビームを照射した。接合面積を大きくするために外形ϕ10mmの渦巻き状に電子ビームを移動させている。アルミと接する側の銅の最表面だけ溶融するように電子ビームエネルギーを調節して照射した。

図12は，アルミの板材の表面に銅薄板（0.5mmt）を電子ビームで両面クラッド溶接したもの

 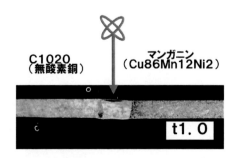

図9 銅-銅マンガン合金の接合事例
（左）外観，（右）断面

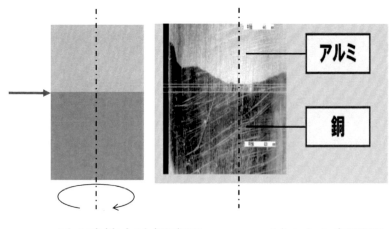

図10 銅-アルミの接合事例1
（左）溶接方法概略図，（右）中心部断面

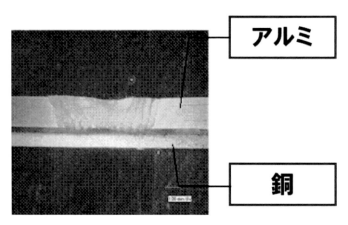

図11 銅-アルミの接合事例2

である。アルミとの界面は強固に密着しており，ドリル加工してもその穴の側面で分裂することはない強度である。

2.3.3 銅-ステンレスの接合事例

図13にステンレス板の上に銅の板材を置き，電子ビームを斜めから照射し，隅肉溶接のような溶接を実現している。

2.3.4 アルミ合金の溶接事例

図14に，純アルミ（A1050）とマグネシウム系アルミ合金（A5052）の電子ビーム溶接事例を示す。外形φ250mm溶け込み深さ10.9mmの深溶け込み溶接であるが，断面観察からブローホールは見られない。

第3章　高エネルギービーム接合

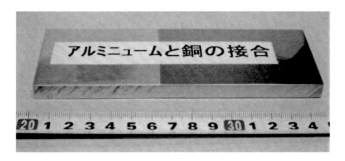

図12　銅-アルミの接合事例3

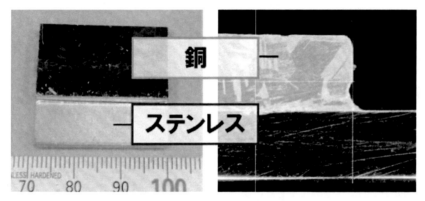

図13　銅-ステンレスの接合事例

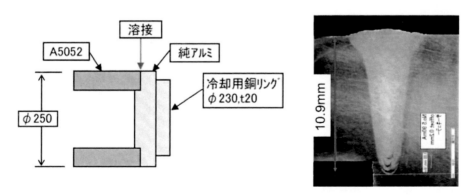

図14　アルミ合金の接合事例

2.4　電子ビーム溶接機について

　電子ビーム溶接機は基本的にレーザーの発振器に相当する電子銃と高電圧電源，内部を真空環境にし，溶接対象を保持駆動する溶接室および駆動システム，電子銃と溶接室を真空にする真空排気システムおよびそれらを制御する制御盤から成り立っている。図15に代表的な電子ビーム溶

105

異種材料接合技術 —マルチマテリアルの実用化を目指して—

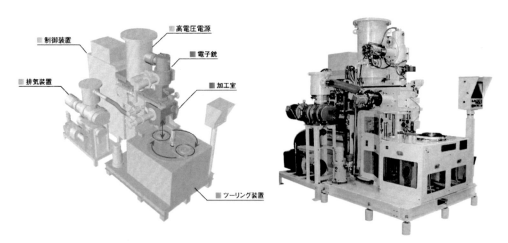

図15 インデックス式電子ビーム溶接機
（左）構成図，（右）外観写真

接機を紹介する。
　主な用途は自動車用変速機の量産機でインデックス式電子ビーム溶接機と呼んでいる。電子ビーム溶接機は真空排気時間がかかるため，他の大気中で溶接する工法と比べて生産性に劣る溶接方法として認識されているが，図15の溶接機は溶接室が約300mm内寸で容積が約27リットルであり，この場合の真空引き時間は10秒以下である。これに溶接時間（溶接条件によって変わるが標準的に約10秒）と溶接対象交換時間（約10秒）を加えてタクトタイムが30秒となり，月産では約45,000個レベルの量産が可能である。さらにタクトタイムを短縮するために，ツインチャンバー式（溶接室を2室備え交互に電子ビーム溶接する方式，タクトタイム中の排気時間を大幅に短縮できるシステム）やカセット式（真空シールしたカセットを搬送するシステム，真空排気時間の考慮が不要）など，タクトタイム中の真空排気時間の割合を大幅に減らすことが可能なシステムを開発し，製品化している。詳細は，三菱電子ビーム加工機総合カタログの機種一覧表をご参照願う。

2.5　現状の課題と今後の展望について

　電子ビーム溶接は，これまでも他工法を圧倒していた，溶接歪が小さい，深溶込み，安定性・信頼性という特長をさらに追及するために開発を続け進化している。
　溶接歪は溶融凝固する際に生ずるもので，可能な限り溶融領域および熱影響層を小さくしたほうが良い。そのために電子ビームをパルス状に発生させる機能を近年開発し，溶接歪を従来の連続照射溶接に比べて，約30％低減させた。これは任意の波形で電子ビームを出力できるFPC（Fine Process Control）機能と呼んでいるものである。
　溶込み深さは，エネルギー密度と加速電圧が高くなればなるほど深くなる。そこで，加速電

第3章　高エネルギービーム接合

圧・定格出力を従来の60kV・6kWから，同150kV・30kWにアップした電源と電子銃を開発した。これにより鉄鋼材料では約100mm以上の深溶け込み，銅材料では約30mm以上のキーホール溶接を実現した。

　真空排気は電子ビーム溶接のデメリットといわれる場合が多いが，短時間で排気できる真空ポンプを共同開発し，約21リッターの容積の溶接室を5秒以下で真空排気することを実現している。このように，次世代自動車分野はじめいろいろ適用用途における最先端のニーズに応えてこれからも溶接技術および溶接機システムを開発・提案していく。

文　献

1) Y. Arata, "WHAT HAPPENS IN HIGH ENERGY DENSITY BEAM WELDING AND CUTTING?", International Institute of Welding (1980)

3 エラストマーからなるインサート材を用いた異種材料のレーザ接合技術

水戸岡 豊*

3.1 はじめに

　各産業において，環境調和・省資源・省エネルギーを軸とした新規技術の創製が求められており，異種材料接合はこれらに必須の技術となっている。しかしながら，異種材料間の接合では，接合材間の物性差が大きいことから，熱を利用した接合（溶接や溶着など）は困難である[1]。そのため，接着剤や機械的締結が用いられているが，生産性や接合品質に多くの課題があり，それらを改善する代替工法が強く要望されている。

　筆者らは，図1に示すような，異種材料を熱可塑性エラストマーからなるインサート材を介してレーザで接合する技術（開発プロセス）を開発した[2〜6]。図2に開発プロセスによる異種材料接合の接合例を示す。開発プロセスでは，レーザによる瞬時の接合が可能となり，接着剤や機械

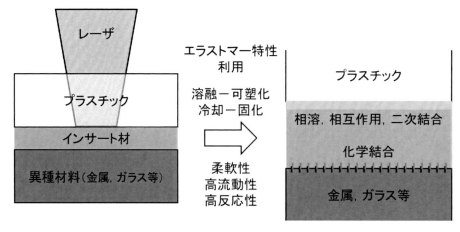

図1　開発プロセスの概要図

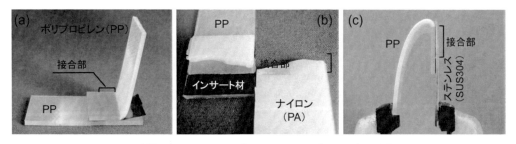

図2　開発プロセスによるプラスチック-異種材料接合の接合例
(a)透過プラスチック同士の接合，PP-PP接合，(b)異種プラスチック同士の接合，PP-PA接合，
(c)プラスチック-金属の接合，PP-SUS接合

＊　Yutaka Mitooka　岡山県工業技術センター　研究開発部　金属加工グループ　研究員

第3章 高エネルギービーム接合

的締結と比較して，生産性が飛躍的に向上する。また，最近，射出成形を利用した金属-プラスチック接合が提案されているが，それらの接合材同士が直接接合するプロセスと異なり，開発プロセスでは，接合材が柔軟なインサート材を介して接合するため，接合界面の応力が緩和され，接合信頼性を確保できる。

開発プロセスは，現在，スマートフォンの筐体（プラスチック）とディスプレイ（ガラス）の接合に採用されており，様々な分野で実用化に向けた取り組みが展開されている。

3.2 インサート材を用いたレーザ接合
3.2.1 開発プロセスの特徴

開発プロセスは，熱可塑性エラストマーからなるインサート材を用いて，接合材間の物性差を緩和することが最大の特徴である。図3に示すように，熱可塑性エラストマーは，1つの高分子の中に，分子凝集や水素結合などの物理架橋しやすい硬い部分とそれらをしにくい軟らかい部分が含まれている[7]。そのため，架橋しているゴムとは異なり，熱可塑性エラストマーは，加熱すると流動性が発現し，冷却するとゴム状に戻る。その他，加硫なしで加硫ゴムと同等の弾性を示すこと，補強（カーボンブラック，シリカ）なしで高強度ならびに高引張応力であることなども特徴である[8,9]。このような特徴を活かしながら，接合材に応じて熱可塑性エラストマーの選定および調節を行い，最適な形状のインサート材に成形加工して用いる。

開発プロセスでは，図1に示したように，接合材間にインサート材を配置した状態でレーザを照射し，インサート材を溶融させ，接合品を形成する。このとき，プラスチックと異種材料が直接接合するのではなく，異種材料の複合化の考え方に基づき，溶融した熱可塑性エラストマーが両方の接合材に接合する。熱可塑性エラストマーは，その特性（柔軟性，高流動性，極性官能基による高反応性）により，様々な材料に対して広く接合できる。例えば，プラスチックには相溶，相互作用および二次結合で接合し[3]，金属，セラミックスおよびガラスなどに対しては極性官能基がそれらの表面と化学的結合により接合する[2,4~6]。材料同士が接合するためには，接合

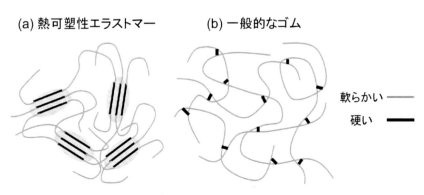

図3 熱可塑性エラストマーの構成模式図

界面が接近し，何らかの反応をする必要があるが，熱可塑性エラストマーの特性がそれらを促進していると推測される。

また，接合の長期信頼性を確保するためには，接合界面に発生する応力を緩和する必要がある。熱応力は，弾性係数，線膨張係数および温度変化の積で算出される[10]。エンジニアリングプラスチックの弾性率が数GPa以上であるのに対し，開発プロセスで用いるインサート材の弾性率は，5～100MPaであることから，インサート材が干渉層として熱応力の緩和に極めて有効に作用し，長期信頼性を確保できる。

3.2.2 プラスチックとの接合

プラスチックは，同種あるいは近種のプラスチックにしか接合できない[11,12]。プラスチック同士が強く接合するためには，相溶する（物質が相互に親和性を有し，溶液または混合物を形成する）必要がある。しかし，95%以上のポリマーの組み合わせは非相溶系であり[13]，異種プラスチック間接合は困難である。

それに対して，熱可塑性エラストマーは，広い範囲のプラスチックに接合でき[3]，異種プラスチック間接合を可能にする。開発プロセスにより接合したポリプロピレン（PP）-インサート材-各種プラスチック接合のせん断試験の結果を図4に示す。インサート材としては，スチレン系エラストマーの主鎖をCOOH基で変性して用いている。このとき，図5に示すように，熱可塑性エラストマーは，プラスチックの種類によって，相溶（対PP），相互作用（対PA）および二次結合（対POM, PMMA, PET）の3種類の形態で接合する。その形態によって接合強度は依存し，相溶あるいは相互作用の時，母材が破断するほどの強固な接合力が得られる。相互作用および二

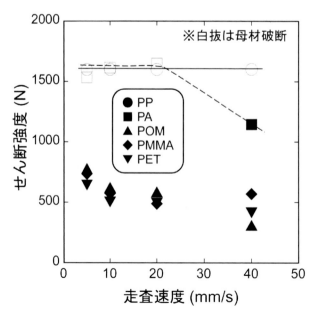

図4 開発プロセスにより接合したPP-インサート材-各種プラスチック接合のせん断試験の結果

第3章　高エネルギービーム接合

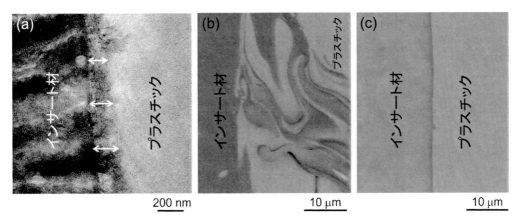

図5　熱可塑性エラストマーとプラスチックの接合形態
(a)相溶，(b)相互作用，(c)二次結合

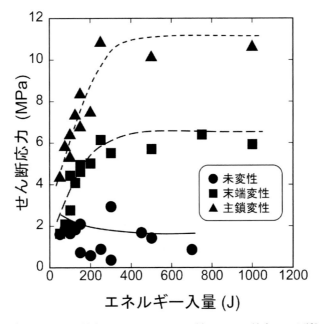

図6　開発プロセスにより接合したPP-インサート材-SUS304接合のせん断試験の結果

次結合は，異種のプラスチック間ではほとんど起こらない現象である。

3.2.3　金属との接合

　プラスチックと金属の間では，接合材間の物性差が顕著になり，その接合は極めて困難になる。

　しかしながら，熱可塑性エラストマーは，金属に対しても接合できる[2,4~6]。開発プロセスにより接合したPP-インサート材-ステンレス（SUS304）接合のせん断試験の結果を図6に示す。

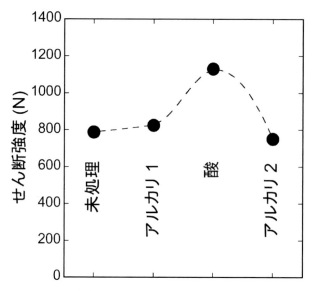

図7　開発プロセスにより接合したPP-インサート材-A1050P接合のせん断試験の結果

インサート材としては，スチレン系エラストマーをCOOH基で変性したものを用い，その位置を変えることで，変性量（未変性＜末端変性＜主鎖変性）を調整した。未変性のインサート材を用いた場合には十分な接合強度が得られず，導入されたCOOH基の量が増加するほどせん断強度が増加する。このことから，熱可塑性エラストマーと金属との接合は，極性基を利用した反応であることが明らかである。また，温度サイクル試験，高温試験，耐湿試験などの耐久試験を実施したが，接合直後と同等の接合力を維持した。この結果は，接合後もインサート材が応力緩和層として機能していることを示している。

　次に，溶液処理を施したA1050Pを用い，開発プロセスにより接合したPP-インサート材-アルミニウム合金（A1050P）接合のせん断試験の結果を図7に示す。インサート材としては，スチレン系エラストマーの主鎖をCOOH基で変性して用いている。せん断強度は，最初のアルカリ処理では，有意には変化しないが，続く酸処理により著しく向上した。しかし，再びアルカリ処理を施した試料のせん断強度は，未処理のそれよりも低下した。この間において，各溶液処理による表面形状に大きな差異はないことから，せん断強度の差は，表面の化学状態によるものと推測される。はく離面から，未処理およびアルカリ処理したA1050Pを用いた接合品では，インサート材-A1050P間での界面破壊が確認された。他方，酸処理を施したA1050Pを用いた接合品では，インサート材-A1050P間ではく離が生じたが，一部でインサート材の破壊も確認された。

　XPS測定から求めた各処理におけるアルミニウムの金属および酸化状態の組成比を表1に示す。せん断強度が最も高い値を示した酸処理試料での金属状態の比率は，全ての試料の中で最も高く，逆にせん断強度の最も低い2回目のアルカリ処理のそれは最も低い値を示した。これらのことから，接合性に対して金属表面の化学状態が重要な因子であることが判明した。その際，最

第3章　高エネルギービーム接合

表1　溶液処理したA1050P表面のXPS測定結果

	未処理	アルカリ1回目	酸	アルカリ2回目
Al（Metal）（at %）	25.8	27.3	45.7	18.6
Al（Oxide）（at %）	74.2	72.7	54.3	81.4

表面に金属状態で存在するAlは，インサート材の官能基との相互作用を促進させ，接合性の向上に寄与するものと推測される。

3.2.4　他の異種材料接合プロセスとの違い

近年，プラスチックと金属の接合について，種々のプロセスが提案されており，一部では実用化されている。その多くは，プラスチックの射出成形を利用したものであり，図8に示すように，機械的結合（アンカー効果）[14〜17]および化学結合[18,19]に分かれる。機械的結合では，金属表面を粗化した後，金属を金型内に設置し，その表面にプラスチックを射出し，接合品を得る。化学的結合は，金属表面にプラスチックとの反応性を高める処理をした後，射出成形を行う。このとき，金属表面の処理には，湿式処理を用いるプロセスがほとんどである。

しかしながら，射出成形を利用した接合プロセスでは，製品に応じた金型が必要になる，部品全体が加熱されるなどが課題となっている。また，金属表面の処理に湿式を用いる場合，部分的な処理にはマスキングが必要となる，表面処理膜（めっき，塗装）が剥がれてしまうなどの問題もある。さらに，プラスチックと金属が直接接合するため，接合界面の応力発生による接合の長期信頼性の確保が懸念されている。

それに対し，開発プロセスは，レーザ溶着をベースとしているため，金型は不要であり，部分的な加熱（接合）が可能である。また，金属表面に対して，接合性を向上させるための特殊な処理は不要である。さらに，接合材間に柔軟なインサート材を介在させることで，接合界面に発生する応力が緩和され，接合の長期信頼性が確保できる。

3.3　現在の取り組み
3.3.1　スマートフォンへの採用

開発プロセスは，スマートフォンの筐体（プラスチック）とディスプレイ（ガラス）間の接合に採用されている。従来，筐体とディスプレイの接合には，図8(a)に示すような，発泡基材の表面にアクリル系の粘着剤を塗布した両面粘着テープが使用されている[20]。しかしながら，発泡基材の両面粘着テープによる接合には，下記に示す防水性，リワーク性および接着強度の問題があった。

- 防水性：発泡基材には，200〜500μmの気泡が存在する。そのため，テープ（接合）幅を1.0mm以下にすると，破断面に気泡が露出し，防水性が急激に低下する。
- リワーク性：スマートフォンなどのモバイルを最終動作確認し，不良の場合，ディスプレイと

異種材料接合技術 — マルチマテリアルの実用化を目指して —

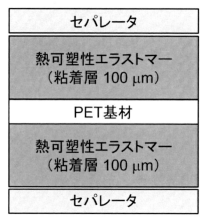

図8 両面粘着テープおよび開発したシートの構成

筐体を剥離して修理する必要がある。しかしながら，剥離すると，一般の両面粘着テープでは発泡層が凝集破壊し，発泡基材と粘着剤が筐体とパネルの両方に付着するため，その除去に非常に手間が掛かる。

- 接合強度：発泡基材の強度は，気泡の影響もあり，テープ幅が狭くなると急激に低下する。そのため，パネルに剥離力が働くと基材が凝集破壊し，十分な接合強度が得られない。

開発プロセスをベースとして，スマートフォン用に開発したシートは，図8(b)のような構成をしている[20]。粘着層は，熱的に可逆性のある熱可塑性エラストマーが主成分で，非常に厚い。また，基材は，ポリエチレンテレフタレート（PET）で，発泡層を持たない。

- 防水性：基材であるPETは気泡を含んでいないため，テープ幅を狭くしても，防水性を確保できる。
- リワーク性：粘着層である熱可塑性エラストマーは，熱的に可逆性がある。そのため，レーザ接合した部分に再度レーザを照射することで，熱可塑性エラストマーが軟化し，接合力が低下し，ディスプレイと筐体を容易に解体できる。
- 接合強度：一般の両面粘着テープと比較して，熱可塑性エラストマーである粘着層が軟化して接合するため，接合力が2倍以上高く，気泡の影響もないことから，テープ幅が狭くても十分な接合強度が得られる。

開発プロセスの特長を活かすことで，防水仕様のスマートフォンでは，現在のところ，世界最大級のディスプレイ占有率を実現している。

第3章　高エネルギービーム接合

3.3.2　様々な分野への拡がり

異種材料接合を適用する目的としては，金属からプラスチックへの置き換えによる軽量化，脱接着による生産性の向上，脱両面テープによる接合力の向上，部品点数・工数削減による低コスト化，意匠性の向上および封止性・防水性の付与など，多岐に渡る。

その中で，開発プロセスは，先述した両面粘着テープ以外では，接着剤の代替えとして用いられることが多い。湿気硬化型の異種材料接合用接着剤は，硬化時間が長さ（24～48時間），価格の高さ，VOC（揮発性有害物質）の発生，塗布厚さによる品質のばらつきなどが問題となっている。特に，硬化時間の長さにより，硬化するまで製品を保管する膨大なスペースが必要となる，生産数が制限されるなどの問題が生じている。それに対して，開発プロセスは，瞬時に接合できることからそれらの問題が解決され，VOCの発生はなく，シート化により品質が安定する。

3.4　今後の展開

3.4.1　熱可塑性CFRPの接合

航空，造船，自動車産業を中心に，重量軽減効果の大きい炭素繊維強化樹脂複合材料（CFRP）が注目されている。しかしながら，CFRPの高コストおよび難加工性が普及の障害となっている。それらの解決を目的として，最近，ベースの樹脂として熱可塑性の材料を用いたCFRP（熱可塑性CFRP）が開発され，研究が進められている。熱可塑性CFRPの開発により，これまでの熱硬化性CFRPでは不可能であった射出成形による成形，溶着による接合などの生産性の高い加工が可能になり得る。

開発プロセスは，熱可塑性CFRPの接合に対して有用であり，NEDO省エネルギー革新技術開発事業および戦略的基盤技術高度化支援事業・経済産業省（サポイン事業）において，実用化を目指した研究開発が進めてきた。図9に開発プロセスにより接合した熱可塑性CFRP-インサート材-アルミニウム合金接合の断面反射電子像を示すが，良好な接合界面が形成されていること

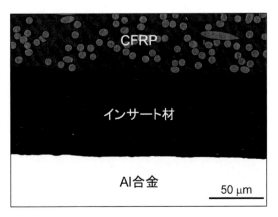

図9　CFRP-インサート材-Al合金接合品の断面反射電子像

が確認できる。

3.4.2 新たな接合の可能性

最近では，積層構造に着目した検討が進められている。接合部材間に柔軟な中間薄膜を挟み込むために，硬（接合材）-軟（インサート材）-硬（接合材）の構造を有する。そのため，これまでの接合品にはない様な，防音，防振，耐衝撃および歪抑制などの効果が期待されている。サポイン事業では，熱可塑性エラストマーの高い封止性に着目し，レーザ溶接と開発プロセスを併用することで，良好な結果が得られた。

3.5 おわりに

最近，種々のプラスチック-金属接合プロセスが提案され，試作は盛んに行われ，実用化も進んできた。新規加工技術は，製品の高付加価値化，生産性および競争力の向上に繋がる。今後，異種材料接合プロセスの実用化が進み，さらなる技術開発に繋がることを期待する。

本開発プロセスは，高効率・高品質な異種材料接合プロセスとしてだけではなく，新規な機能を付与する革新的な接合プロセスとしても注目されており，金属材料の高機能化に極めて有用で，今後，多くの産業分野において，その適用が増大するであろう。

文　　献

1) 中田一博, 溶接技術, **52**, 141-146（2004）
2) 水戸岡豊ほか, レーザ加工学会誌, **14**(4), 40-44（2007）
3) 水戸岡豊ほか, レーザ加工学会誌, **16**(2), 136-140（2009）
4) 日野実, 水戸岡豊, 村上浩二, 浦上和人, 高田潤, 金谷輝人, 軽金属, **59**(5), 236-240（2009）
5) 日野実, 水戸岡豊, 村上浩二, 浦上和人, 長瀬寛幸, 金谷輝人, 軽金属, **60**(5), 225-230（2010）
6) M. Hino, Y. Mitooka, K. Murakami, K. Urakami, H. Nagase and T. Kanadani, *Mater. Trans.*, **52**(5), 1041-1047（2012）
7) http://hr-inoue.net/zscience/topics/gum/gum.html
8) 山下晋三ほか, エラストマー, 共立出版, 61-83（1989）
9) 山下晋三ほか, 熱可塑性エラストマーの材料設計と成形加工, 技術情報協会, 3-27（2007）
10) 萩原芳彦ほか, よくわかる材料力学, オーム社, 36-37（1996）
11) Kazunari Adachi, Ultrasonic Plastic Joinin, *Journal of the Japan Society of Polymer Processing*, **12**(10), 598-602（2000）
12) 舊橋章, プラスチックレーザ溶接の範囲を拡大したBASF社の新素材(1), 工業材料, **55**(4), 91-95（2007）

13) プラスチック読本, プラスチックエージ, 25 (1992)
14) 特許第3467471
15) 安藤直樹, アルトピア, **40**(8), 14-18 (2010)
16) 橋本康生, プラスチックスエージ, **56**, 67-71 (2010)
17) 林知紀ほか, プラスチックス, **63**(5), 15-19 (2012)
18) 森邦夫, 異種材料一体化のための最新技術, サイエンス&テクノロジー, 289-303 (2012)
19) 平井勤二, 塗布と塗膜, **1**(1), 22-27 (2012)
20) 山田功作, JETI, **61**(7), 58-61 (2013)

4 インサート材を用いた異種材料のレーザ接合のための金属表面処理

日野 実*

4.1 はじめに

　自動車などの輸送機器産業では，CO_2排出量削減・低燃費化に対する対策として，各種部材に対し，今以上の軽量化が要求されており，この差し迫った問題に対応するため，軽金属やエンジニアリングプラスチックなどの軽量材料の適用が拡大している。しかし，単一材料による部材の軽量化には限界があり，複数の材料を組み合わせたマルチマテリアルが，軽量化をはじめ様々な機能を付与することのできる新しい概念の材料として注目されている。単一材料からマルチマテリアル化するためには異種材料間の接合が必須であり，今後，異種材料間の接合技術の重要性が増してくる。

　前節では，金属-樹脂などの異種材料間に熱可塑性エラストマーシートをインサート材として挟み込み，レーザ照射によって両者を接合する技術が紹介されている。その際，樹脂-インサート材間は高分子材料同士の組み合わせとなるため，インサート材に対して相溶性や極性を付与することによって強固な接合が可能になる[1]。一方，金属-インサート材間では，金属-高分子間での接合となるため，金属表面を接合に適するように改質することが重要になる。

　本稿では，レーザによるインサート材を用いた金属-樹脂異材接合について，金属の視点から接合に向けた金属表面の改質の考え方ならびに新たに開発した接合性に優れたアルミニウム合金への陽極酸化処理[2]とその特徴について紹介する。

4.2 接着に適した金属表面の改質

　金属-樹脂間での接着における金属の接着強さは，主に次の因子[3]の影響を受ける。

① 金属-接着界面の濡れおよび親和力
② 機械的結合力
③ 化学的界面結合力
④ 金属-接着剤間および接着剤に発生する内部ひずみ
⑤ 金属-接着剤間での脆弱層の形成
⑥ 環境

　したがって信頼性の高い強固な接着を得るためには，上記の因子が接着に対して効果的に作用するように金属表面を改質する必要がある。そのため金属表面に対して化学的界面結合力の向上を目的とした接着剤と極性の異なる表面調整や接着剤と化学結合を生じさせるシランカップリング処理[4]，ならびにアンカー効果を期待した表面形状の凹凸化[5]などが行われ，接着性の向上が図られている。

---

* Makoto Hino　広島工業大学　工学部　機械システム工学科　教授

第3章　高エネルギービーム接合

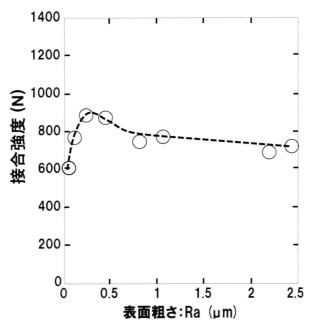

図1　表面粗さRaと接合強度（せん断強度）の関係

4.2.1　熱可塑性エラストマーをインサートしたアルミニウム-プラスチックレーザ接合[6,7]

　熱可塑性エラストマーを用いた金属-プラスチックレーザ接合において，熱可塑性エラストマーは金属表面に対して接着剤として作用し，両者を接合する。接着剤による接合では，前述の表面凹凸がアンカー効果をもたらし，接着性を向上させる。

　図1には，A1050Pアルミニウム板材（以下，A1050Pと記す）を種々のエメリー紙およびバフによって研磨した試料とポリプロピレン間に熱可塑性エラストマーシートをインサートし，同一条件でレーザ接合を行った際のアルミニウム板の表面粗さRaと接合強度（せん断強度）の関係を示す。表面粗さRaが増すと接合強度も増加するが，表面粗さRaがおよそ0.5μmよりも粗くなると，逆に接合強度が低下した。この要因を明らかにするため，鏡面研磨による表面粗さRaが0.08μmの試料および接着強度が低下した表面粗さRaが1.0μmの試料について，それぞれ断面方向から接着界面を電子顕微鏡によって観察した。図2にその結果を示したが，鏡面研磨した試料では，アルミニウム表面に熱可塑性エラストマーが完全に密着している。一方，接着強度が低下した表面粗さRaが1.0μmの試料では，エメリー紙の研磨によってアルミニウムが塑性流動し，くぼみが形成され，その部位では熱可塑性エラストマーが充填されず，図中の破線部に示す空隙が形成されていた。これらの未結合部が結果的に接合強度の低下を招いており，接着剤の種類や金属表面の化学的な親和性によっても異なるが，被着材である金属の表面粗さには適切な値（形状）があり，過剰な凹凸は逆に接着性を低下させる場合もあることから，注意する必要がある。

　続いて接着性に重要な因子である表面の化学状態の影響について，A1050Pを表1に示す酸お

異種材料接合技術 ―マルチマテリアルの実用化を目指して―

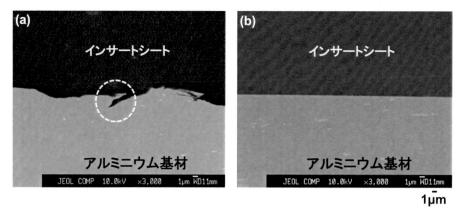

図2 表面粗さ (Ra) の異なったアルミニウム-インサート材接着界面の断面SEM写真
(a)Ra：1 μm, (b)Ra：0.08 μm

表1 鏡面研磨したA1050P材への各種処理後の接合強度

アルカリ浸漬	酸浸漬	再アルカリ浸漬
(Na_2CO_3 (20kg/m^3) + Na_2SiO_3 (10kg/m^3)) (325K-30s) ↓ 水洗	アルカリ浸漬 ↓ 水洗 ↓ 硝酸 (60%) (室温-5s) ↓ 水洗	酸浸漬 ↓ 水洗 ↓ アルカリ浸漬 ↓ 水洗

よびアルカリ溶液に浸漬することによって表面の化学状態を変化させた。接合材の組み合わせは，アルミニウム-熱可塑性エラストマーシート-ポリプロピレンとし，ポリプロピレン側よりレーザを照射した。熱可塑性エラストマーはポリプロピレンと相溶性を有するスチレン系エラストマーを選定し，厚さが100μmのシート状に成形した。また，アルミニウムとの接合性を高めるためエラストマーの主鎖をCOOH基で変性した。レーザ出力は200W，走査速度は5 mm/sとし，連続モードで照射した。なお，各溶液処理後のアルミニウム試料の表面粗さRaに大きな差異はないことを確認した。

図3には，各溶液処理における接合強度（せん断強度）を示す。未処理の接合強度は，アルカリ処理のそれとほぼ同じ値であったが，続く酸処理により，接合強度は著しく向上した。しかし，再びアルカリ処理を施した試料の接合強度は，未処理のそれよりも低下した。各溶液処理による表面粗さに大きな差異はないことから，アルミニウム表面の化学状態が接合強度に強く影響を及ぼすことを図3の結果は示している。

第3章　高エネルギービーム接合

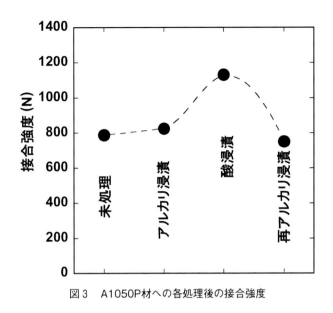

図3　A1050P材への各処理後の接合強度

　さらに熱可塑性エラストマーの主鎖をCOOH基と相反する塩基性官能基のNH$_2$基で変性したエラストマーシートを用い，前述と同一条件でレーザ接合した結果，各溶液処理した試料に対するせん断強度は，COOH基で変性した場合と同様の傾向を示した。一方，COOH基やNH$_2$基による極性基を付与していないエラストマーでは，いずれの溶液処理に対しても十分な接合強度を得ることができない。この結果は，アルミニウム-エラストマー間に作用する接合因子が，酸-塩基相互作用[8]よりも極性を利用した反応であることを示しており，アルミニウム表面に存在する水酸基とエラストマーに付与したCOOH基あるいはNH$_2$基間で水素結合[9]が強く作用している。

4.2.2　接着性に優れたアルミニウム合金への陽極酸化処理

　4.2.1項において，アルミニウムと熱可塑性エラストマーの接合強度がアルミニウムの表面状態によって大きく変化することを示したが，ここでは接着性に優れたアルミニウム合金への表面処理について言及する。接着を目的としたアルミニウム基材への理想的な表面処理皮膜には，接着に適した凹凸形状および接着剤との化学結合性に富んだ表面が要求される。併せて長期信頼性の観点より，アルミニウム基材を防食する化学的安定性も重要な因子となる。しかし，アルミニウムへの表面処理として一般的に適用されている化成処理や陽極酸化処理では全てを満足させることは困難である。

　耐食性に優れた陽極酸化処理は，硫酸，シュウ酸，リン酸，クロム酸，各種有機酸およびそれらを混合した溶液中でアルミニウムを陽極電解することによって図4に示すような微細孔を有する陽極酸化皮膜が得られる。通常，この多孔質陽極酸化皮膜がアルマイトと呼ばれ，微細孔が接着に対してアンカー効果を示し，接合性が向上する。しかし，処理性に優れ，現状，最も広く適用されている硫酸アルマイトの孔径は，10～20nm程度と非常に微細なため，接着剤が孔に浸透

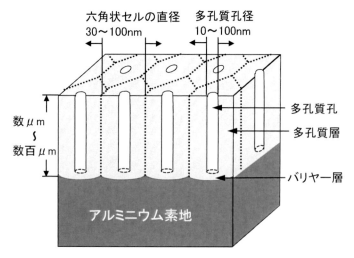

図4　アルミニウム陽極酸化皮膜の模式図

図5　開発したアルミニウム合金への接着下地用処理皮膜のモデル図

しきれず，接着性に対して顕著な効果が得られない場合もある。そのためアルミニウムの表面に硫酸アルマイト皮膜の孔径よりも大きな孔の形成を検討した。

　その結果，アルミニウム合金に対して接着性と耐食性を兼備した二層酸化皮膜の開発に成功した。図5には，皮膜の断面モデルを示したが，下層の陽極酸化皮膜は，アルミニウム合金に対して耐食性を付与し，上層の皮膜が接着性を向上させる。A5052アルミニウム合金に対する通常の硫酸アルマイト皮膜および開発した多層皮膜の表面SEM写真を図6に示したが，硫酸アルマイト皮膜では，直径10～20nmの微細孔が観察される。一方，開発した多層皮膜は，硫酸アルマイト皮膜と大きく異なり，破線で示した直径80～100nmのリング状の析出物と内部には直径10nm程度の微細孔が観察され，図5に示した上層の皮膜が直径80～100nmのリング状に析出した部分，下層の皮膜が直径10nm程度の微細孔の部分に相当する。

第3章 高エネルギービーム接合

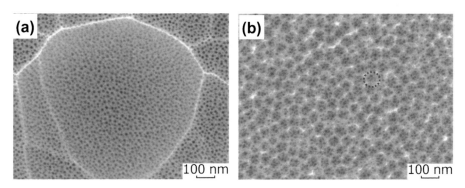

図6　SEM観察結果
(a)硫酸アルマイト皮膜,(b)開発した多層皮膜

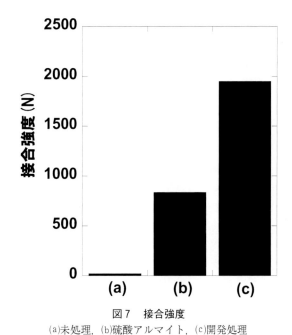

図7　接合強度
(a)未処理,(b)硫酸アルマイト,(c)開発処理

　各処理を施したA5052アルミニウム合金とナイロン樹脂をポリアミド系ホットメルト接着剤（膜厚：50μm）で接着した後，せん断試験から求めた接合強度を図7に示す。開発した処理は，通常の硫酸アルマイト皮膜と比較し，2倍以上の接合強度が得られるが，これは図6(b)に示した上層のリング状に析出した部分が接着剤に対してアンカー効果をもたらすとともに，化学結合性を向上させている[2]。そのため，一次接着性のみならず，恒温恒湿試験や熱サイクル試験などの二次接着性においても優れた接合性が得られており，現在，車載用部品に対して実用化に向けた研究を行っている。近い将来，本開発技術が実用化されることを願っている。

4.3 おわりに

　本稿では，金属-熱可塑性エラストマー間の接合について，接合に適した金属の表面改質の考え方ならびに接合性に優れたアルミニウム合金への陽極酸化処理を紹介した。今後，軽量化が強く求められる輸送機器産業では，マルチマテリアルの適用が増大し，それに伴い，アルミニウム合金-エンジニアリングプラスチックなどの異種材料間での接合技術の重要性が増してくる。これまで金属-プラスチック接合に関して様々なプロセスが提案されているが，実用化はそれほど進んでいない。輸送機器部材に対する厳しい品質に耐えうる接合プロセスの開発には，接着性を考慮した金属側での表面処理が重要であるとともに，接合プロセスに対する総合的な取り組みも必要である。

文　　献

1) 日野実，水戸岡豊，永田員也，金谷輝人，レーザ加工学会誌，**22**，159（2015）
2) 永田教人，日野実，村上浩二，特願2013-231462
3) 日本接着学会編，表面解析・改質の化学，p.85，日刊工業新聞社（2003）
4) シランカップリング剤の効果と使用法，S&T出版（2012）
5) 平松実，日野実，村上浩二，金谷輝人，まてりあ，**44**（2005）
6) 日野実，水戸岡豊，村上浩二，浦上和人，高田潤，金谷輝人，軽金属，**59**，236（2009）
7) M. Hino, Y. Mitooka, K. Murakami, K. Urakami, H. Nagase and T. Kanadani, *Mater. Trans.*, **52**, 1041（2011）
8) 接着ハンドブック第4版，（編集日本接着学会），p.836，日刊工業新聞社（2007）
9) 接着ハンドブック第4版，（編集日本接着学会），p.136，日刊工業新聞社（2007）

5 ポジティブアンカー効果による金属とプラスチックの直接接合

前田知宏＊

5.1 はじめに

　多くの利点をもたらすマルチマテリアル化において異種材料の接合技術は複合部材を作り上げるうえで必要不可欠な基幹技術といえる。金属とプラスチックの接合については接着剤やボルト締結などが主流であるが，省エネルギーへの要求による軽量化やVOC問題による環境負荷低減など直接接合技術への関心が強まっており，近年金属表面への微細構造形成によるアンカー効果による締結や化学的な結合の創生など様々な技術が提唱されるようになってきた。しかし利用し易さや成形済プラスチックとの接合では充分な接合強度が得られないなどの課題があり，広く普及するには至っていない。本稿では導入のし易さを考慮してドライプロセスで金属表面に微細構造を形成し，様々なプラスチックとの接合を可能にする接合技術について概説する。

5.2 金属-プラスチック直接接合技術の概要

　金属とプラスチックの直接接合技術は金属表面に微細構造を形成し，溶融し流動性が確保できたプラスチックを浸透させて接合するアンカー効果による方法と，金属とプラスチックの接触界面に化学結合を発生させて接合する手法に大別される。筆者らはレーザ接合とプラズマ処理を組み合わせて，アンカー効果と化学結合を同時に発生させる接合技術開発に取り組んだが，本取り組みの結果，接合強度の確保にはアンカー効果による接合が不可欠との結論に至った[1〜3]。

　強力な接合強度を発揮させるアンカー効果を得るための金属表面への微細構造形成手法も陽極酸化処理，エッチングやメッキなどの湿式の化成処理とレーザによる微細加工やブラスト処理など様々な手法が提唱されている。しかしいずれの方式においてもプラスチックとの接合工法にはインサート成形による一体化が用いられており，成形済プラスチックとの接合では強力な接合強度を得るには至っていない。これは金属表面の微細構造内部へのプラスチックの浸透のためにはプラスチックの流動性確保と接合時の加圧が大きく寄与しているためだと考えられる。

　筆者らは金属-プラスチックの接合技術開発にあたり，「成形済プラスチックと金属の接合，ドライプロセス，高速処理，大型構造物対応可能」にこだわり新しい金属表面微細構造形成技術の開発を行った。

5.3 ポジティブアンカー効果による金属とプラスチックの接合

　金属基材表面に形成した隆起微細構造でアンカー効果を発揮する接合層としてプラスチックと接合するメカニズムをポジティブアンカー効果による接合とした。金属とプラスチックとの直接接合を行うにあたり金属表面への微細構造形成は湿式処理であれば陽極酸化処理やエッチング処理，あるいはメッキ処理によりナノ構造やマイクロ構造を金属基材の表面から深さ方向に形成し

＊　Tomohiro Maeda　輝創㈱　代表取締役

ていく。この様な手法により形成された微細構造は金属表面に対して凹状態で形成されることになる。レーザやブラスト処理により微細構造を形成する場合においても金属基材の深さ方向に溝加工やアブレーション加工により微細構造を形成するために金属表面に対して凹形状となる。このような凹形状の微細構造を有する金属とプラスチックを接合する場合，インサート成形による一体構造形成手法を用いる場合には，金属表面の微細構造内部へ溶融した流動性の確保された樹脂に高圧を加えることで押し込むことができ，強力なアンカー効果を得ることができる。しかし成形済プラスチックの場合には金属の接合面とプラスチックの接合面を重ね合わせて，接触界面を加熱して金属と接触したプラスチック表面を溶融させて微細構造内部へ浸透させる必要がある。この時，両部材が剝がれないように金属とプラスチックを加圧しておく。接合領域が接触面の一部の場合には加えた圧力は接触面全面に均一に加わることになり，金属表面が圧力を受け止めるため，凹形状内部には加圧による影響が及ばない状態になっており，界面で溶融したプラスチックは溶融に伴う膨張と流動性のみで微細構造に浸透していくことになる。微細構造が逆テーパーや多孔質のように複雑な構造を形成している場合には，加圧の効果がなく十分なプラスチックの浸透が得られないため，空乏層が発生し十分な密着が得られないことからアンカー効果も限定的な効果しか発揮できない。

　ポジティブアンカー効果の場合には金属表面から凸形状に微細構造が形成されているため，接合を目的として成形済プラスチックと重ね合わせた場合には，凸形状上にプラスチックの接合面が載っている状態になっており，金属との接触界面は凸形状部のみとなる。この状態で接触界面を加熱し，且つ金属とプラスチックの両面から接触界面に圧力を加えた場合には溶融したプラスチック内部に凸形状の微細構造が埋め込まれる形になる[4]。圧力は隆起微細構造のみにかかることになり加えた圧力は全て接合に寄与することになる。図1にアンカー効果とポジティブアンカー効果の接合工程のイメージ図を示す。

　隆起した微細構造によるポジティブアンカー効果を利用して金属とプラスチックを接合する場合には，以下のような様々な利点が挙げられる。
- 成形済プラスチックとの接合が可能
- 接合時の加圧力が少なくて済む
- 汎用樹脂接合工法が利用可能である
- 接合可能なプラスチックが多様である
- 複合接合が可能である

　次にポジティブアンカー効果を発揮する隆起微細構造形成手法であるPMS処理について述べる。

5.4　PMS処理
5.4.1　PMS処理概要
　金属基板上に隆起した微細構造を有する合金層形成手法としてPMS処理（Prominent Micro

第3章 高エネルギービーム接合

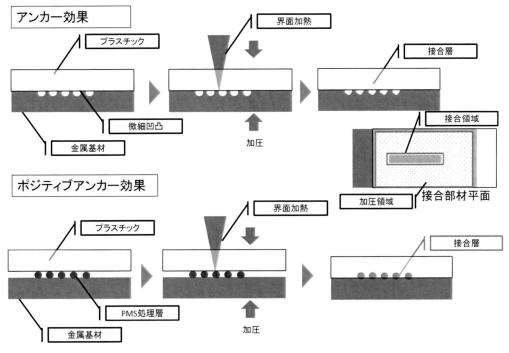

図1　アンカー効果とポジティブアンカー効果の接合工法の違い

Structure）がある。PMS処理は金属基材にPMS剤を供給するとともにレーザ照射して行う金属溶接技術の一つであるレーザクラッディング工法を用いた処理である（図2）。PMS処理層は100μm程度の高さで金属基材表面から凸状に盛り上がった層で，数μm～数百μmの微粒子や微小塊に覆われている。マイクロメータサイズの粒子表面はナノメータサイズの微細構造に覆われており，マイクロメータスケールとナノメータスケールの階層的微細構造となっている（図3）。プラスチックとの接合では，これら形成した微細構造の間にプラスチックの溶融した部位が浸透してアンカー効果による接合力を発揮することになる。

　PMS処理のもう一つの特徴は，金属基材との間で合金層を形成していることである。微細構造形成のみであれば，溶射やコールドスプレーなどの手法により微細粒子を金属基材に打ち込んでやれば金属基材上への隆起微細構造形成が可能であるが，隆起層を接合に利用する場合には隆起微細構造の金属基材との密着性も重要になってくる。PMS処理はレーザクラッディング工法を用いるために，レーザにより金属基材を溶融させ，溶融した金属基材内部へ粒子が入り込んで金属基材と投入粒子との合金層形成を行うことができる。レーザクラッディング工法の一般的な利用方法は合金肉盛り層の形成であり，用途に合わせて利用する粉末を変えることにより目的とする表面が平滑な合金層を形成可能である。PMS剤を用いた場合には平滑な合金層ではなくアンカー効果を発揮することができる上述のような微細構造形成が可能となる。

異種材料接合技術 ─ マルチマテリアルの実用化を目指して ─

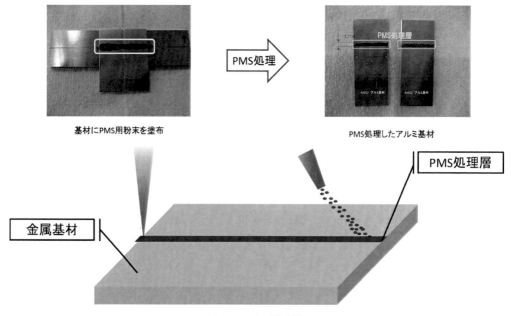

図2　PMS処理方法

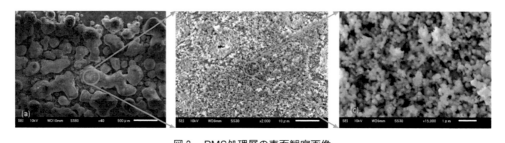

図3　PMS処理層の表面観察画像
(a)PMS処理層×40画像，(b)PMS処理層×1000画像，(c)PMS処理層×15000画像

5.4.2　PMS処理方法

　PMS処理は前述の通りレーザクラッディング手法を用いて行う完全な乾式の処理プロセスである。粉体供給とレーザ照射のみで処理可能なため，長大な連続処理も可能となる。レーザ照射領域のみで処理層が形成できるために接合部位を任意に作成することができる。PMS剤の基板への供給方法は2方式があり，一つは当社の試験・開発で利用している供給方法である金属基材にPMS剤を予め均一な厚みに塗布するパウダーベッド方式と，汎用的なレーザクラッディングで用いられる粉体を金属基材に吹き付けながら処理を行う粉体噴射方式である。
　PMS処理は両方式ともに可能であるがPMS剤の基材への供給方式により得られるPMS構造は変化する。図4にパウダーベッド方式および粉体噴射方式で処理したPMS処理層の表面観察像

第3章 高エネルギービーム接合

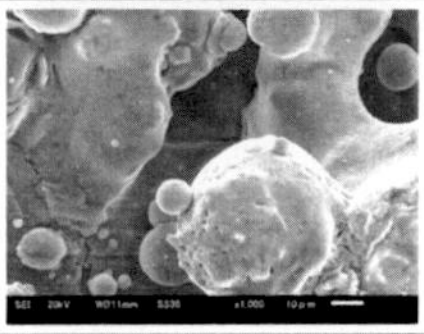

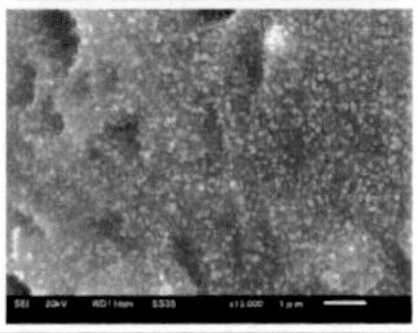

図4 パウダーベット方式と粉体噴射方式による表面構造の違い

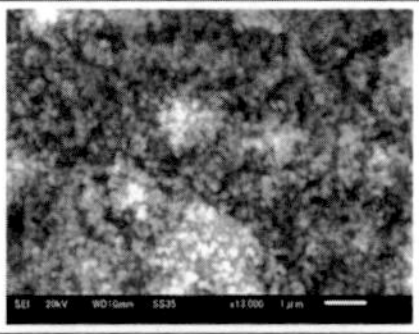

を示す。PMS処理は溶融した金属基材中に粉体を投入して合金層を形成するが,併せて燃焼合成反応による微粒子形成も行っている[5]。パウダーベット方式の場合には予めPMS剤の粒子自体が密接に触れ合っているために反応性が高く,比較的大きなブロック構造体ができると考えられる。対して粉体噴射方式の場合には連続的に粒子供給されるために大きな構造体ではなく,小～中規模な構造体を形成しマイクロスケールの多孔質に近い層を形成することになる。各隆起微細構造体の表面構造ではパウダーベット方式ではナノスケールの多孔質層を形成しているが粉体噴射方式ではナノスケールの凸形状の超微細構造が形成される。

5.4.3 PMS処理条件

PMS処理層はレーザの照射領域に沿って加熱された部位のみ反応し微細構造が形成される。筆者らが行った処理例を示す。レーザは発振波長970nmで最大出力500Wの半導体レーザを用いた。レーザの動作方式は1,000Hzのパルス駆動方式として,出力はDuty幅と投入電流割合により決定する方式とし,レーザ出力は約400Wになるように調整した。スポットサイズはφ1.2mmに設定し,レーザ走査速度40mm/sから80mm/sまで段階的に変化させてPMS処理を行った。いずれの処理速度においてもPMS処理層を形成することができた。速度変化に伴い単位長さあたりの投入熱量が変わってくるためにPMS処理幅に若干の変化や,表面構造への影響は確認されたが接合層としての形成は可能である。このことからPMSの処理能力は400W程度のレーザを用いても3m/分以上の加工速度を確保することは可能であり,実用上問題のない加工速度を得ることができたといえる。レーザの高出力化により幅広領域へのPMS層形成や,より高速処理も可能となる。

5.5 金属とプラスチックの接合

筆者らはPMS処理した金属とプラスチックの接合を,様々な基材組合せや処理条件,接合方法を用いて行った。基本的な試料条件では,金属基材は20×50mm,t=1mmのA5052アルミ合

異種材料接合技術 —マルチマテリアルの実用化を目指して—

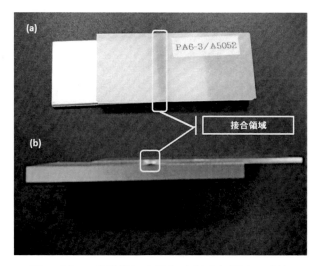

図5 (a)レーザ照射面から観察，(b)接合部側面から観察

金板を用い，PMS処理長さを20mmにした。組み合わせるプラスチック材料も20×50mmの試験片を用いた。接合はPMS処理を施した金属片とプラスチックを重ね合わせてレーザ接合を行った。接合時には重ね合わせた試験片の上下から加圧し，レーザをプラスチック側から照射し，プラスチックを透過したレーザ光により金属を加熱し，金属からの伝熱によりプラスチック界面を溶融させて接合を行った。レーザ接合の利点は局所的な急速加熱冷却な点であり，プラスチックの溶融凝固がレーザ走査条件の設定のみで行える点にある。加圧はエアーシリンダーによる全面均一加圧を行っているために大面積または長尺の接合の場合には加圧方式を考慮する必要があるが，本接合では全面均一加圧のみとした。

PMS処理剤により接合予定面を形成したA5052アルミ合金（20×50mm，t＝1mm）とPA6ナイロン（20×50mm，t＝2mm）の接合には半導体レーザを用いた。接合領域はPMS処理層の面積の1.2×20mmである。レーザの出力は約120Wで，レーザ走査速度は10mm/sとした。接合はA5052とPA6を重ね合わせてエアーシリンダーにて一定圧で加圧するようにして接合した試料外観を図5に示す。(a)はレーザ照射面からの観察したもので，黒色線状部位が接合層である。(b)は側面から観察したものである。(b)にみられる様に接合部のギャップがなく，隆起した微細構造が完全にPA6内部に取り込まれていることがわかる。この接合部にギャップが残る場合には，十分な接合強度が得られないために，接合後の隙間の有無は，接合前後におけるプラスチックの沈み込み量の計測などにより接合品質の確認に用いることができる。筆者らはPMS処理の特性評価を試みており，上述の接合条件を基準として最大の接合強度が得られるPMS処理条件の開発を行った。接合品質の指標としての接合強度についてはせん断引張試験にて評価を行った。ポジティブアンカー効果を利用した接合において最も強度が確保できるPMS剤を用いた場合では，せん断引張試験による荷重は750〜800N以上を確保しており，接合面積（1.2×20mm）から接合

第3章　高エネルギービーム接合

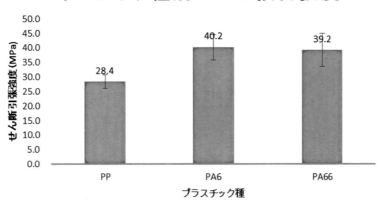

図6　各種プラスチックにおける接合強度例

強度は3σにて30MPa以上の接合強度を確保できている。また，プラスチックの有する特性および接合方法，条件により接合強度は変化するが，PA66においても3σで30MPa以上，難接着材料であるPPにおいても25MPa以上の接合強度を得ることができた（図6）。本接合強度は微細構造形成金属とプラスチックのインサート一体成型時の接合強度には及ばないものの，成形済プラスチックとの接合においては深さ方向への微細構造形成では得られなかった値であり，ポジティブアンカー効果を用いて行う接合方法が成型プラスチックとの接合において極めて有効な金属-プラスチック直接接合法であることがわかった。

線膨張係数の異なる金属とプラスチックの接合においては熱的変化による接合部位の剥離が懸念される。筆者らはA5052アルミ基材とPA6ナイロンや，PPを接合した試験片を用いて熱衝撃試験（-50℃～120℃，20分間隔，100サイクル）を行い，プラスチックの変質や接合強度の低下があるものの接合剥離がないことを確認した（図7）。

また，環境条件によるPMS処理層への腐食の影響および接合部への影響を評価するために塩水噴霧試験を行い，PMS処理層に影響を及ぼさないことも確認した。

ポジティブアンカー効果による異種材料接合は熱可塑性樹脂である成形済プラスチックへの適用には非常に有効である。またPMS処理層は金属基材から突起しているために超音波接合を行う場合にはエネルギーが突起部に集中するために容易に接合することができる。加えてホットプレスなどを用いて接触界面を加熱し，両部材を押圧すれば接合が可能となるために接合部材の特性に合わせて様々な汎用接合工法を用いることができる。レーザの透過が確保できない非透過性プラスチックへの適用や各種添加剤を加えたプラスチックや，CFRTPなどの炭素繊維強化プラスチックへの適用も可能である。図8にインサート成形，ホットプレス，超音波溶着，レーザ接合の各種接合工法を用い，対象部材に合わせた接合例を示す。

異種材料接合技術 ― マルチマテリアルの実用化を目指して ―

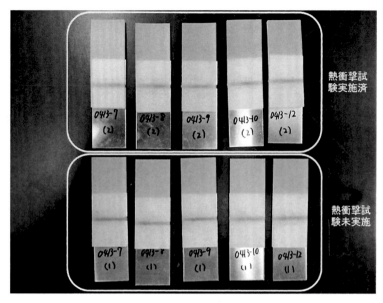

図7　A5052とPA6接合品の熱衝撃試験

PCとA5052のインサート成形による一体化　　　　PA6とSUS304のレーザ接合

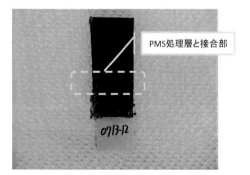

レーザ非透過プラスチックと
A5052の接合（超音波溶着）

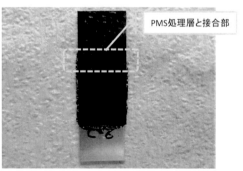

CFRTPとA5052の接合
（ホットプレス接合）

図8　各種接合工法によるPMS処理を施した金属とプラスチックの接合

第3章　高エネルギービーム接合

5.6　おわりに

　金属とプラスチックの接合には様々な技術開発が行われており，一部実用化が始まっている。しかし実際の採用に当たっては，導入の容易さ・加工対象の制限，導入運用コストなど様々な制約があり，幅広い普及には至っていない。ポジティブアンカー効果を可能にするPMS処理，レーザクラッディング加工，レーザ界面加熱加工，プラズマ処理などは従来の異種材料接合技術の各課題を大幅に改善できる可能性を示すことができる新しい異種材料接合技術である。全ての技術を使うのではなく，目的に合わせて技術を組み合わせることにより最適な接合を得ることができると考えられる。

　PMS処理は処理剤の特性を変えることにより様々な金属材料に対して処理は可能である。しかしSPCCを始めとした鋼材やマグネシウム合金など，代表的な金属種に対しては隆起構造の形成は確認できているがアルミ基材で得られた接合強度は確保できていないため今後，更なる材料開発を行っていく予定である。

　ポジティブアンカー効果を可能にするPMS処理は必要な接合継手強さに応じて処理面積や形状など接合対象に応じて比較的容易に変更することができるため，非常に自由度の高い処理技術となる。

文　　　献

1) 異種材料接合「何でもくっつける」技術が設計を変える，日経BP社（2014）
2) 鈴木正史，大気圧プラズマを利用した異種材料の接合技術に関する研究，あいち産業科学技術総合研究センター　研究報告，第2号，38-39（2014）
3) 鈴木正史，前田知宏，早川伸哉，レーザとプラズマを利用した金属と樹脂の異種材料接合法の開発，第82回レーザ加工学会　講演予稿集，207（2015）
4) 前田知宏，ポジティブアンカーによる軽金属とプラスチックの直接接合，軽金属溶接協会誌　第53巻第10号　技術報告，391-395（2015）
5) M. Kobashi, D. Ichioka, N. Kanetake, Combustion Synthesis of Porous TiC/Ti Composite by a Self-propagating Mode, *Materials*, 3939-3947（2010）

6　樹脂表面へのレーザ処理による異種材料接合技術

望月章弘*

6.1　緒言

近年，自動車・電器分野のセンサー類やコイルボビンなどの部品を中心に，PBT樹脂やPPS樹脂の二重成形技術を用いる機会が増えている。PBT樹脂の二重成形においては，低融点化PBTである弊社ジュラネックス®RAシリーズを提案し実績を上げている。またPPS樹脂の二重成形においては，1次側成形時の金型温度を低くし，故意に低結晶化状態を保った成形品を1次側に用いることで，2次成形時の再溶融を促進させる成形手法を用いている。

いずれの二重成形法においても，2次成形材料からの伝熱と樹脂流動時の剪断により1次側成形品と融着接合する機構であり，そのためには1次・2次材料間の融点差や軟化温度差が必要であった。さらに良好な接合を得るためには，1次材料と2次材料は同材あるいは相溶可能な材料樹脂の選定が望ましく，容易に再溶融できるようラビリンス（細かな凹凸）を設けた製品形状面での工夫や，1次成形品の脱脂や予備加熱などの成形面での方策が成形現場では成されている。

前述のように従来の二重成形技術における大きな制約は，①1次・2次材料間の融点差や軟化温度差，②1次・2次材料は同材あるいは相溶可能な材料，の2点が挙げられ，これらが障害となりこれまでは二重成形による異材接合は広くは適用できなかった。また，LCP樹脂においては分子の直線性が高く且つ強直な特性を持ち，分子同士の絡み合いが少ないため，仮に同材同士の接合で且つ二重成形時の1次材の再溶融を確保したとしても充分な接合強度は得られず，接合が困難な材料とされていた。これまでの二重成形の接合機構は，2次成形材料からの伝熱と樹脂流動時の剪断により，1次側成形品との融着接合させていたが，接合機構を物理的なアンカーへと変えることで前述2点の制約は拘束が無くなり，従来は困難であった二重成形による異材接合やLCP樹脂の接合が可能になると判断し検討を進めた。

その結果，レーザーエッチング処理によって1次成形品に添加されているガラス繊維を残したまま樹脂分を除去し露出させ，2次成形時にアンカーとして利用できる技術を開発した。ここではガラス繊維強化系樹脂の成形品にレーザー処理を施し樹脂分を除去，露出したガラス繊維を二重成形のアンカーとして接合する手法AKI-Lock®（AKI-Lock：Advance Knitting Integrated Lock）における諸特性について紹介する。

6.2　AKI-Lock®の概要

写真1にレーザーエッチング処理面のSEM画像を示す。

格子状にエッチング処理を施すことで，ガラス繊維がいずれの方向に配向していても，ガラス繊維が保持できるエッチングデザインとしており，四角形に残された1次材料部にガラス繊維が

---

*　Akihiro Mochizuki　ポリプラスチックス㈱　研究開発本部
　　　　　　　　　　　　テクニカルソリューションセンター　研究員

第3章　高エネルギービーム接合

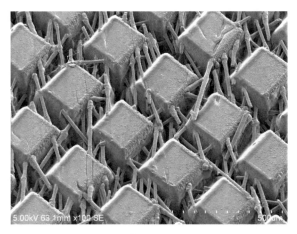

写真1　ラペロス®E130iのレーザー処理面

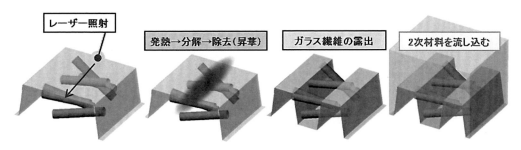

図1　AKI-Lock®の作業手順

保持されている様子が観察できる。また，1次材料が除去された溝内には，多数のガラス繊維が突き出し，四角形に残された1次材料部間に橋渡し状に形成されており，2次成形時に確実なアンカー効果を発揮するであろうことがうかがえる。図1にAKI-Lock®の作業手順について図示する。

6.3　AKI-Lock®の諸特性
6.3.1　接合強度

　AKI-Lock®の諸特性として，まず異材接合も含む接合強度について示す。何も処理をせずに二重成形を行った際の接合強度について表1に示し，AKI-Lock®による異材接合を行った際の接合強度について表2に示す。

　評価に用いた材料は，弊社POM樹脂非強化高流動グレードであるジュラコン®M450-44，ガラス強化グレードであるGH-25，PBT樹脂ガラス強化グレードであるジュラネックス®3300，PPS樹脂ガラス強化グレードであるジュラファイド®1140A6，高フィラーグレードである6165A7，

異種材料接合技術 ― マルチマテリアルの実用化を目指して ―

表1 無処理品 接合強度（単位：MPa）

1次材			2次材	POM ジュラコン® M450-44	POM ジュラコン® GH-25	PBT ジュラネックス® 3300	PPS ジュラファイド® 1140A6	PPS ジュラファイド® 6165A7	LCP ラベロス® E130i
POM	ジュラコン®	M450-44	非強化	接合せず	接合せず	接合せず	接合せず	接合せず	接合せず
		GH-25	GF強化	接合せず	接合せず	接合せず	接合せず	接合せず	接合せず
PBT	ジュラネックス®	3300	GF強化	接合せず	接合せず	接合せず	0.2	0.2	0.5
PPS	ジュラファイド®	1140A6	GF強化	接合せず	接合せず	接合せず	0.8	0.6	0.8
		6165A7	GF＋無機	接合せず	接合せず	接合せず	0.6	0.6	0.6
LCP	ラベロス®	E130i	GF強化	接合せず	接合せず	接合せず	接合せず	接合せず	接合せず

表2 レーザー処理品 接合強度（単位：MPa）

1次材			2次材	POM ジュラコン® M450-44	POM ジュラコン® GH-25	PBT ジュラネックス® 3300	PPS ジュラファイド® 1140A6	PPS ジュラファイド® 6165A7	LCP ラベロス® E130i
POM	ジュラコン®	M450-44	非強化	接合せず	接合せず	接合せず	接合せず	接合せず	接合せず
		GH-25	GF強化	10.7	23.8	23.8	23.8	23.8	16.8
PBT	ジュラネックス®	3300	GF強化	10.7	23.8	24.5	24.5	24.5	16.8
PPS	ジュラファイド®	1140A6	GF強化	10.7	23.8	24.5	53.3	29.0	16.8
		6165A7	GF＋無機	9.1	23.0	23.0	29.0	29.0	16.8
LCP	ラベロス®	E130i	GF強化	10.3	16.8	16.8	16.8	16.8	16.8

LCP樹脂ガラス強化グレードであるラベロス®E130iにて，試験片サイズ＝130mm長×13mm幅×6.4mm厚の短冊状の成形品を用い二重成形後に引張り試験を行った。

なお，接合面については接合部が破壊に至るよう，引張り方向に対し直交方向とした。

無処理では，今回評価を行った全ての材料において接合強度はほとんど発揮されないが，AKI-Lock®においては，1次材にガラス繊維が添加されていれば融点差や相溶の有無に関わらず異材であっても優れた接合強度が発揮されることがわかった。

6.3.2 従来の接合技術とAKI-Lock®の接合強度比較

ここでは，従来の二重成形技術による接合強度とAKI-Lock®による接合強度の比較を行う。PBTにおける従来の二重成形とは，低融点化PBTであるジュラネックス®RAシリーズを用い，2次成形材料からの伝熱と樹脂流動時の剪断により1次側成形品と融着接合する機構である。

一方，PPS樹脂の従来の二重成形においては，1次側成形時の金型温度を低くし，故意に低結晶化状態を保った成形品を1次側に用いることで，2次成形時の再溶融を促進させる成形手法を用いている。目安として，二次加工による各種溶着手法の中でも比較的接合強度が高い熱板溶着の接合強度と，通常成形におけるウエルド強度を同一グラフ内に示した（図2）。

PBT樹脂およびPPS樹脂，いずれの樹脂においても従来の接合技術における接合強度よりも

第3章　高エネルギービーム接合

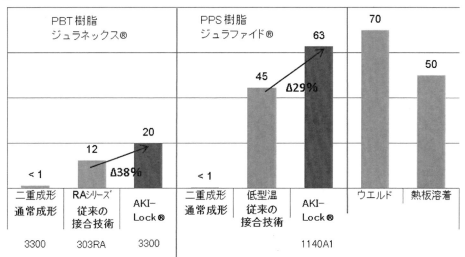

図2　従来の二重成形による接合強度とAKI-Lock®による接合強度

AKI-Lock®による接合強度の方が優位であり，その接合機構であるガラス繊維をアンカーとする物理的な接合を言い換えれば，AKI-Lock®はガラス繊維で補強された接合界面を形成させる技術であると言える。

6.3.3　耐久性

AKI-Lock®は1次成形品にレーザーエッチング処理を施すことによって樹脂分を除去し，残留し露出したガラス繊維を二重成形のアンカーとして接合する手法であるため，レーザーエッチング処理によって樹脂劣化物が残留する可能性がある。仮に短期機械特性として樹脂劣化物の影響が露見しなくとも，高温雰囲気中に長期放置されれば機械物性に何らかの変化が発生することが懸念されるため，ヒートエージング特性の確認を行った。

また，レーザーエッチング処理によってガラス繊維の表面処理剤（収束剤など）も同時に除去していると想定できるため，ガラス繊維と樹脂間の界面に特にアタックすると考えられているPCT（プレッシャークッカー試験）も行い，耐久性として評価を行った。ジュラファイド®1140A1におけるヒートエージング結果とPCT結果を図3に示す。いずれの結果も通常成形品と同様の結果を示し，異常値はみられなかった。

また，IR（赤外線分光光度計）における異物分析においても樹脂劣化物を示す吸収はみられておらず，レーザーエッチング処理という過程を経るため樹脂劣化物の残留は少なからず存在していると想定されるが，IRにおいては検出限界以下で，長期機械特性においても異常値はみられていない。

6.3.4　かしめ，収縮による圧着効果

表3にAKI-Lock®による気密性（エアーリーク試験）の試験結果および試験方法の概略を示

異種材料接合技術 ― マルチマテリアルの実用化を目指して ―

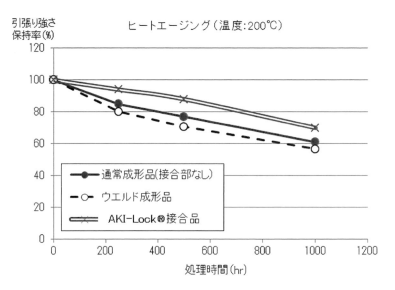

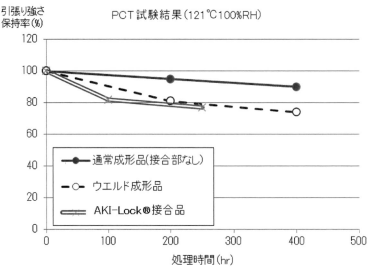

図3　AKI-Lock®のヒートエージング試験結果およびPCT（プレッシャークッカー試験）結果

す。1次側成形品として，φ50mm×2mm厚の円盤中心にφ20mmの貫通穴が開いたドーナツ形状の成形品を用い，φ20mm貫通穴に沿って5mm幅にレーザーエッチング処理を施した。2次側成形品は，1次側円盤中心の貫通穴を塞ぐようにφ30mm×2mm厚みの成形を施しエアーリーク試験を行った。異材料の組合せであっても気密性は確保されており，母材破壊に至るまで昇圧し気密性を確認したが気密漏れは発生しなかった。気密性の出現理由としては大きく二つ考えており，一つは2次側成形時の流動剪断によりレーザー加工溝がかしめられていること，もう一つは2次側材料の成形収縮による圧着効果が想定される。

第3章　高エネルギービーム接合

表3　AKI-Lock®による気密性（エアーリーク試験）の試験結果および気密試験方法の概略

			2次材			
			ジュラコン®POM	ジュラネックス®PBT	ジュラファイド®PPS	ラペロス®LCP
			YF-10	3300	1140A6	E130i
1次材	ジュラネックス®PBT	3300	>0.4MPa（母材破壊）	>0.4MPa（母材破壊）	−	−
	ジュラファイド®PPS	1140A6	−	−	>0.4MPa（母材破壊）	>0.4MPa（母材破壊）
	ラペロス®LCP	E130i	−	−	>0.4MPa（母材破壊）	>0.4MPa（母材破壊）

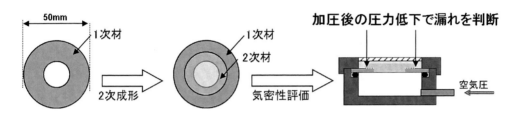

次に気密性の出現理由の調査のため，接合部の強制剥離面と接合断面の観察を行った。観察を容易にするために，ここでは横縞のエッチングデザインの試料を用いた。なお，1次側材料はPBT樹脂ガラス強化グレードであるジュラネックス®3300（黒色），2次側材料にはPOM樹脂摺動グレードであるジュラコン®YF-10（ナチュラル色）を用いた。写真2に，2次成形前の接合面と2次成形後の強制剥離面と接合断面写真（切断後研磨仕上げ）を示す。

2次成形後の強制剥離面において，2次成形を施すことでレーザー処理溝が潰れ，2次材料を溝内に挟み込んだ状態に成っていることがわかる。接合断面観察においても同様で，変形した溝と巻き込まれた2次材料の様子が観察できる（流動方向は写真右から左に進む）。これらの観察結果より，異材接合であっても気密性が発現する理由の一つとして，処理溝がかしめられていることが挙げられる。

また，定量化や測定は難しいが，2次側材料の成形収縮によって生まれる圧着力も気密性の発現理由として考えられる。ここでいう圧着力とは，2次側材料の成形収縮が1次側成形品によって拘束されるため，その接合面に発生する力で，成形収縮によって発生する力から応力緩和分を引いた力が圧着力として残留していると予想できる。図4に成形収縮によって溝ピッチが狭くなる方向における圧着のイメージを示す。

6.3.5　まとめ

AKI-Lock®の接合機構の基本はガラス繊維のアンカー効果による物理的な接合で，ガラス繊維で補強された高強度な接合が可能で，2次成形時のかしめ効果や2次材料の樹脂収縮による圧着によって，異材接合であっても気密性が出現する工法であると言える。

異種材料接合技術 ―マルチマテリアルの実用化を目指して―

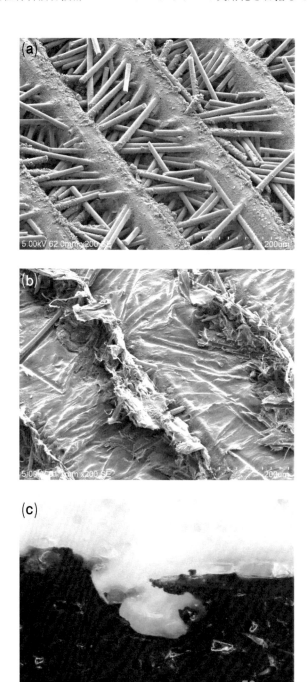

写真2 接合面の表面
(a)2次成形前の接合面，(b)2次成形後の強制剥離面，(c)接合部の断面

第3章　高エネルギービーム接合

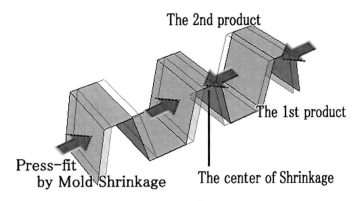

図4　収縮による圧着のイメージ

6.4　結言

AKI-Lock®は，1次材に添加されたガラス繊維を物理的なアンカーとして用いることで接合力を発揮させる新たな接合手法で，従来の二重成形のような融着や化学的結合を狙ったものではない。従って原理的には，1次側に繊維強化材料を用いること以外，2次材の選定には制約はなく，繊維補強された高強度な接合が可能な新たな接合手法として紹介する。

なお，AKI-Lock®を用いることで従来は両立や共存が困難であった要求特性が満たされる可能性がある。例えば成形品骨格には高剛性なガラス繊維強化グレードを用い，表層には外観の優れた非強化グレードを接合させれば高剛性と良外観が両立が可能である。

また，高剛性の骨格を持つ歯車の歯面に高摺動グレードを付加することも可能であろう。ガラス繊維強化グレードのボディでありながら非強化PBTのヒンジ部を有したコネクターや，ガラス強化グレードのケースに非強化POMのスナップフィット部を接合させること，ガラスエポキシ基盤の上に直接LCP製のコネクターを接合させることもなども可能であろう。

レーザー処理による化学的変化など，まだ研究が進んでいない一端もあるが，AKI-Lock®が新しい付加価値を持った製品を生み出す一つの手掛かりとなれば幸いである。

注：ジュラネックス®は，ポリプラスチックス㈱が日本その他の国で保有している登録商標で，ウィンテックポリマー㈱が許諾を受けて使用している商標です。
　ジュラコン®，ラペロス®，ジュラファイド®は，ポリプラスチックス㈱が日本その他の国で保有している登録商標です。
　AKI-Lock®は，ポリプラスチックス㈱が日本で保有している登録商標です。

第4章 摩擦攪拌接合

1 摩擦攪拌接合による異種材料接合の展望

中田一博*

1.1 状態図から見た金属材料同士の異材接合の可能性評価

　構造材料の主力は金属材料であり，鉄鋼材料とアルミニウム合金やチタン合金などの非鉄金属材料を含めて多様な機能特性を有する金属材料が使用されている。このような異なる種類の金属が異材接合できるかどうかの判断は，材料組合せを設計する上できわめて重要になる。金属材料の異材接合の可能性は，接合部のミクロ組織の形成相の種類に大きく依存する。すなわち，形成相が脆い金属間化合物相か，あるいは靭性に富む固溶体相か，どちらの相が主体であるかに大いに依存することが知られている。金属間化合物とは2種類の金属元素が一定の比率で結合して形成される化合物であり，一般に硬さが高く，伸びがほとんどない脆い性質を有するものが多い。したがって金属間化合物が接合部に多量に形成されると，接合継手強度を維持することが困難となり，場合によっては接合終了後の冷却時に接合部の収縮に伴なう引張応力により，割れが発生することになる。これに対して，固相状態でお互いの金属が完全に混ざり合った状態は，固溶体と呼ばれており，一般的に機械的性質に優れており，異材接合は容易である。

　このような異材接合される金属材料の組合せによる金属間化合物や固溶体の形成傾向は，基本的には2元系平衡状態図により判断することが可能である。すなわち，2元系平衡状態図は全率固溶体，2相分離および金属間化合物形成の基本3タイプに分けられる。図1(a)，(b)，(c)および(d)にこれらの基本タイプの代表的な状態図としてCu-Ni系，Cu-Fe系，Al-Mg系およびAl-Fe系2元状態図を示す[1]。(a)の全率固溶体は全ての成分域でお互いの金属が完全に溶け合うタイプであり，基本的に異材接合は容易である。(b)の2相分離タイプはお互いに混ざり合わずに，あるいはわずかにお互いの金属を固溶した2つの固溶体相に分かれるが，金属間化合物を形成しないために，やはり異材接合は容易である。(c)および(d)に示す金属間化合物形成を形成するタイプは異種金属の組合せではむしろ一般的なタイプである。この中で状態図によっては(c)に示すように一方の金属側，あるいは両方の金属側において，それぞれ比較的広い成分範囲で固溶体域を有する混合タイプがある。このような場合には接合部の成分がちょうど固溶体域に入るように，お互いの金属の混合量を制御することにより，金属間化合物形成の抑制が可能である。しかしAl-Mg系では共晶反応により顕著な融点降下現象が発生し，接合部に凝固割れが発生しやすい問題があり，注意が必要である。(d)はAl-Fe系であり，アルミニウム側での固溶体相の存在領域は極めて小さく，広い成分範囲で複数の金属間化合物相が形成されるため，異材接合は困難となる。

---

* Kazuhiro Nakata　大阪大学名誉教授；大阪大学　接合科学研究所　特任教授

第 4 章　摩擦攪拌接合

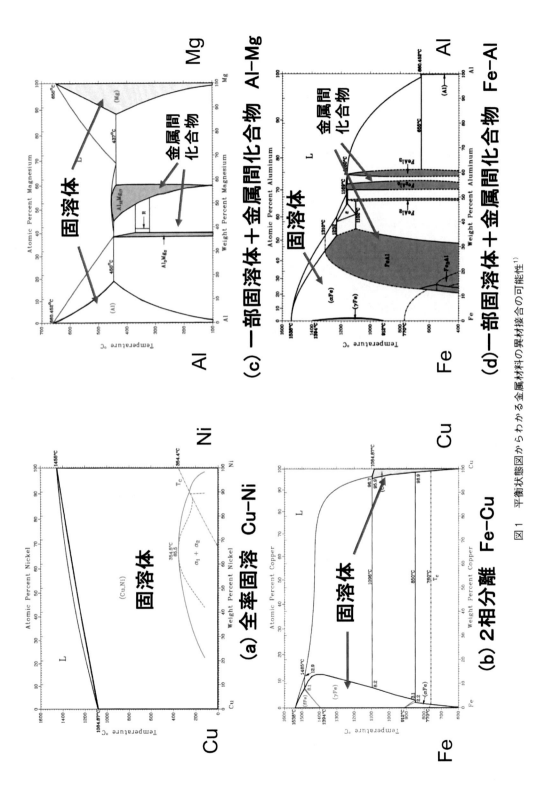

図 1　平衡状態図からわかる金属材料の異材接合の可能性[1]

異種材料接合技術 ―マルチマテリアルの実用化を目指して―

　表1は，このような状態図と関連づけた異材接合の可能性を，溶融溶接であるレーザ溶接を対象に推定した例である[2]。固相接合法に対しても同様に適用可能である。なお，異種金属の溶融混合量の制御を行うためには，アーク溶接よりもエネルギー密度が高く，細く絞られたビーム熱源である電子ビーム溶接やレーザ溶接が優れている。

　また，異材接合性には，金属間化合物の形成傾向以外にも，物性値の差（融点，熱膨張係数，熱伝導度，電気伝導度など）も関係する。例えば図1(b)に示す鉄／銅継手のように融点差の大きい場合には，低融点側の金属（銅）融液が高融点側の金属（鉄）粒界に残留して凝固割れを引き起こす危険性があり，溶融量制御を行う必要がある。

1.2　異材接合が可能となる接合界面構造

　Al-Fe系のように金属間化合物を形成しやすく，状態図的には異材接合が困難な材料組合せにおいても，異材接合が可能となる場合があることが，各種の接合方法により報告されている。それらの結果をまとめると，大略表2のように2つのタイプに分類される。すなわち，接合法が高温加熱タイプと低温加熱タイプに分けられ，それぞれに対応して異なる接合界面構造が存在する。

表1　状態図と関連づけた金属材料の異材接合の可能性（レーザ溶接）[2]

	Ag	Al	Au	Be	Co	Cu	Fe	Mg	Mo	Nb	Ni	Pt	Re	Sn	Ta	Ti	W
Al	2																―
Au	1	5															―
Be	5	2	5														―
Co	3	5	2	5													―
Cu	2	2	1	5	2												
Fe	3	5	5	2	2	2											
Mg	5	2	5	5	5	5	3										
Mo	3	5	5	5	3	2	3										
Nb	4	5	5	5	5	2	5	4	1								
Ni	2	5	1	5	1	2	2	5	5	5							
Pt	2	5	1	5	1	1	1	5	2	5	1						
Re	3	4	5	5	5	5	4	5	1	3	2						
Sn	2	5	5	5	2	5	5	3	5	5	5	3					
Ta	5	5	5	5	5	5	4	1	1	5	5	5	5				
Ti	2	5	5	5	5	5	3	1	1	5	5	5	5	1			
W	3	5	5	5	5	5	1	5	1	5	5	5	3	1	2		
Zr	5	5	5	5	5	5	5	3	5	1	5	5	5	5	2	1	5

平衡状態図的には，Al/FeやTi/Feの溶融溶接は不可能

1：溶接可能（固溶体形成），2：ほぼ溶接可能（複雑な組織形成），3：溶接には注意が必要（溶接に関するデータが不十分），4：溶接には極めて注意が必要（信頼できるデータなし），5：溶接不可能（金属間化合物形成）　*) Welding handbook, Vol.2, 8th edition, America Welding Society, Miami, FL, 1991

第4章　摩擦攪拌接合

表2　Al/Fe異材接合プロセスと接合可能な接合界面構造
（過去の文献等からの取り纏め結果）（筆者作成）

接合プロセス		接合界面構造
高温反応	溶融溶接 抵抗溶接 ろう付 拡散接合	・高温反応のため金属間化合物層形成 ・金属間化合物層の厚さが支配因子 ・数μm（1μm）以下で良好な継手強度
低温反応 塑性流動現象	圧接 　摩擦圧接 　超音波 　爆接 FSW	・金属間化合物層がSEM程度では認められない ・界面にアモルファス層形成（数nm～数十nm厚さ，酸化物層） ・金属間化合物との複合層

　まず，高温加熱タイプは，溶融溶接法や，また固相接合法でも高温で長時間の加熱が必要な拡散接合などの接合法で得られるものであり，接合界面には，鉄鋼側に金属間化合物相が層状に形成される。このような接合法では，割れのない良好な継手が得られ，かつ継手引張試験では，その破断位置は接合界面の金属間化合物層ではなく，アルミニウム合金の母材（熱影響部）となる。このような良好な継手強度を有する異材接合継手は，接合界面の金属間化合物層の厚さが数μm以下の場合において得られているのが特徴である。これより厚くなると金属間化合物層内において低い強度で破断する。

　一方，低温加熱タイプでは，固相状態において金属の塑性流動現象を利用して接合する方法であり，各種の圧接法や摩擦攪拌接合法がある。塑性流動温度域での比較的低温における短時間の接合が特徴である。このタイプにおいても，アルミニウム合金の母材（熱影響部）で破断するような良好な継手強度を有する異材接合継手が得られている。この場合，接合界面にはマクロ的には金属間化合物層は認められず，透過型電子顕微鏡観察によって初めて観察できるような，厚さが数十nmから数百nm程度のごく薄い化合物層が形成されていた。これらは酸化皮膜の非晶質層，あるいは金属間化合物との複合層であった。

　このように状態図的には接合が不可能なアルミニウム合金と鉄鋼の異材接合であっても，接合界面における金属間化合物層の厚さを数μm以下に薄くなるように抑制することにより，アルミニウム合金母材側で破断する良好な継手強度を有する異材接合が可能となる。このような接合界面構造は，Al-Fe系以外の異材金属接合の組合せにおいても認められており，同様に良好な継手強度を示す異材接合継手が得られている。

1.3　摩擦攪拌接合（FSW）法
(1) 原理

　摩擦攪拌接合法（Friction Stir Welding, FSW）[3,4]は固相接合法の一種であり，その原理図を図2[5,6]に示す。突合わせた2枚の板のI型開先部に，先端に長さが板厚相当のネジ状の突起（ピ

異種材料接合技術 ―マルチマテリアルの実用化を目指して―

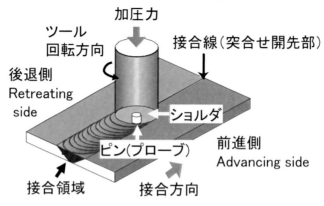

図2　摩擦攪拌接合FSWの原理[5, 6]

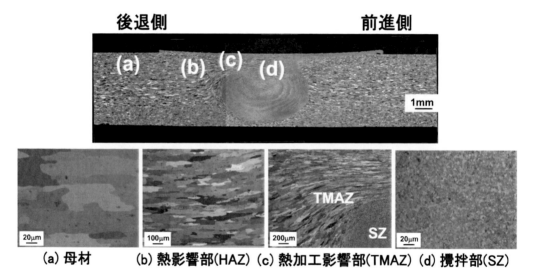

図3　FSW接合部断面組織例（A2024アルミニウム合金）[7]

ンもしくはプローブと呼ばれる）を有する棒状のツールを高速回転させながら押しつけると，摩擦発熱により開先部の金属が軟化し，ピンは開先内に挿入される。ツール端面が開先表面に達するとさらに温度が上昇し，軟化した金属はピンおよびツールの回転により容易にピンの周囲を塑性流動する。この状態でツールを開先線に沿って移動すると2枚の板はピンにより攪拌混合され，さらに拡散現象などにより金属として一体化することにより接合される。図3[7]にアルミニウム合金A2024のFSWによる接合部の組織を示す。接合部は，中心部のピンが通過した部分は攪拌部（SZ）と呼ばれており，動的再結晶により微細な再結晶組織となり，しばしばオニオンリングと呼ばれる特徴的な組織を呈する。この周囲には塑性流動の特徴を示す熱加工影響部（TMAZ）があり，さらにその母材側にいわゆる熱影響部（HAZ）がある。接合部の形状は左右

非対称であり,図2に示したツール回転方向と接合方向が一致する側をAdvancing Side(前進側),逆の方向をRetreating Side(後退側)と呼ぶ。接合部の最高到達温度は接合条件や合金によっても異なるが,アルミニウム合金では400〜500℃程度である。アーク溶接では溶融池温度は1,000℃以上になることが知られており,FSWでは溶融溶接法よりもかなり低温の接合法である。

(2) 特徴[4〜6]

FSWの特長をアーク溶接と比較すると以下のようになる。

① 固相接合であり,溶融溶接に特有の凝固割れおよび気孔の発生がない。
② 紫外線,スパッタ,ヒュームの発生がない,クリーンな作業環境である。
③ 固相接合でありながら,連続した接合継手が得られる。
④ 接合長の長い接合部でも変形が極めて小さい。
⑤ 溶融溶接に比して残留応力が小さい。
⑥ 開先前処理が不要である。
⑦ 溶加材およびシールドガスが不要である。
⑧ 既存の工作機械技術が適用でき,オペレータの技量に依存しない。
⑨ 自動化が容易である。
⑩ 固相接合であるが,突合せ,すみ肉,重ねを含む継手形状が適用可能。
⑪ 板厚が異なる継手が可能。
⑫ 異種金属接合が可能。

また欠点としては,接合部材の強力な拘束治具が必要であり,このため3次元形状の接合継手が難しい,接合終端部にピン穴が残ることなどがあるが,いずれもロボット化などのプロセス開発が進められている。

(3) 応用

現在は,アルミニウム合金,マグネシウム合金,一部の銅合金などの塑性流動が容易な,いわゆる軟質金属に対して適用されている。特にアルミニウム合金では鉄道車両,自動車,船舶,および航空機などの構造物に実用化されている。

これに対して,鉄鋼材料やチタン合金などの高融点材料への適用は,まだ開発段階である。この理由は使用するツール材質に依存している。鉄鋼材料では,接合時の温度は900〜1,200℃の高温となり,既存のSKD61などの工具鋼製のツールでは高温強度が不足する。したがって,現状ではこれに耐えうるツール材質としてWC-Co超硬合金などのサーメット材料やセラミックスである多結晶窒化ホウ素(PCBN)製などが用いられると共に,その開発が進められている。

一方,FSWはその特徴を生かして異種金属接合法として注目されている[8]。すなわち,例えば,従来の溶融溶接では接合が困難であったジュラルミンなどの高強度アルミニウム合金(2000,7000系合金)[7,9],鋳物およびダイカスト材[10,11],複合材料(粒子分散型Al基合金)[12,13]などがFSWにより接合できるようになったために,既存の汎用的な展伸材アルミニウム合金との新しい異材接合の組合せが可能となっている。また,すでに述べたように鉄/アルミニウムに代表さ

異種材料接合技術 ―マルチマテリアルの実用化を目指して―

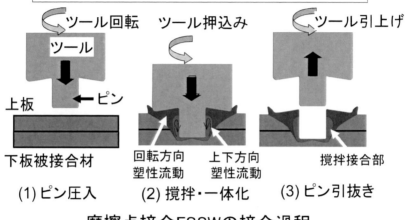

図4　摩擦攪拌点接合（FSJ, FSSW）の原理[15, 16]

れるような溶融溶接では脆い金属間化合物が形成され，接合が不可能な異材組合せへの期待が大きい[8, 14]。これはFSWが，連続継手が得られる固相接合であることと，接合温度が比較的低く，かつ冷却速度も速いことから，接合界面の脆い金属間化合物層の形成を抑制できる可能性が高いと予想されているからである。

(4) 摩擦攪拌点接合（FSSW）

FSWを点接合継手に応用したものであり，図4に示すように2枚の板を重ねて上板からツールを回転しながら挿入し，挿入位置を下板の板厚の途中までに留めることにより，ピン周囲で，重ねた金属の水平方向と上下方向の塑性流動が発生して，ピン周囲でドーナツ状に攪拌混合域が形成され，接合が達成される方法である[15, 16]。アルミニウム合金薄板の重ね継手に適用され，自動車車体に実用化されている。

1.4　FSWによる異材接合継手形成例

以下に，これまでに報告されている鉄／アルミニウムなどの異種金属接合や同種金属ではあるが異なる合金間の接合，また展伸材・鋳物材や複合材など製造法の異なる材料間の異材接合の検討例を紹介する。

1.4.1　鉄／アルミニウム　異材接合

岡村ら[17]や岡本ら[18]は，鉄とアルミニウムを接合部で直接攪拌混合した場合に形成される金属間化合物を抑制し，かつ鉄とピンの接触によるピン摩耗を避けるために図5の方法を提案し

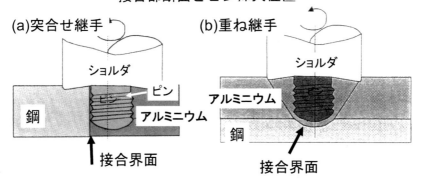

図5 FSWによるアルミニウム合金／鉄鋼材料の異材接合の提案[17, 18]

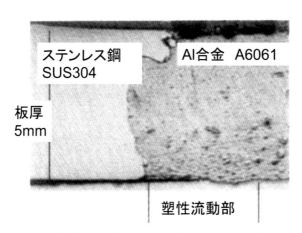

図6 FSWによるステンレス鋼（SUS304）／アルミニウム合金（A6061）突合せ接合部断面組織[17]

た。すなわち，ピンは鉄の開先面には接触させずに軟らかいアルミニウム側に挿入し，ピンの周囲を塑性流動しているアルミニウムを鉄側開先面に押しつけて，拡散現象を利用して両者を接合しようとするものである。ピンを鉄の開先面に接触させることにより，その表面が清浄化，活性化されて接合が達成される。図6[17]はステンレス鋼SUS304とアルミニウム合金6061の異材接合部断面組織であり，界面には拡散層が形成されている。

渡辺ら[19]は同様の方法でピン挿入位置を段階的に変えた実験を行い，ピンが鉄側にわずかに食い込んだ状態（0.2mm）で最も高い継手接合強度，約230MPaを得ている。福本ら[20]によれば，この場合，ピンの回転方向と鉄／アルミニウム合金の試片配置との関係が大きく関係し，図7に示すように，ピンを時計回転方向とした場合，鉄は溶接方向に対して左側（Advancing side）に

異種材料接合技術 ―マルチマテリアルの実用化を目指して―

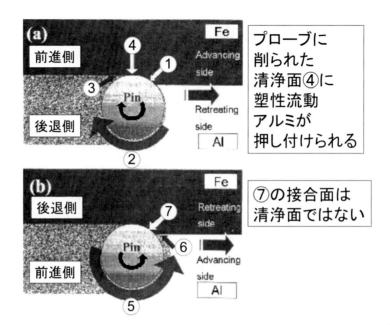

図7　FSWよる異材突合せ接合性に及ぼすピン回転方向と試片配置の組合せの影響[20]

配置しなければならない。図7(a)において①の部分で鉄開先面がピンにより削られて表面活性化され，ピン後方を廻り込んだ塑性流動アルミニウムが③の方向から鉄に押しつけられて④の部分で圧接されると考えられている。同じ配置でピンが逆回転の場合（鉄がRetreating sideとなる）では，(b)に示すように塑性流動アルミニウム⑤は⑥で鉄開先面に圧接されるが，ここではまだ開先面は活性化されていないために接合は十分ではなく，かつ⑦でピンにより破砕されることも考えられる。このため健全な接合は達成されない。なお注意すべきは接合部にはピンにより削り取られた微小鉄片が混入することである。

　FSWを用いて図5に示す方法で重ね継手による異材シーム溶接の可能性も検討されている[21]。図8[22](a)および(b)は上板にアルミニウム合金A1100，下板に低炭素IF鋼を配置した重ね継手断面マクロ組織である。ピンは上板のアルミニウム側から挿入されている。(a)は界面よりピン先端が鉄側に0.3mm入った状態，(b)ではピン先端は界面には達せず，アルミニウム側に留まり界面から0.1mmの距離である。ピンが鉄側に挿入された場合には鉄およびアルミニウム側共に延性破壊を示すディンプル破面となるが，ピンが界面に達していない場合には平滑な破面となり，ピール破断強度は前者の30％と低く，ピン接触による鉄界面の活性化の重要性が示唆されている。

　図9[23,24]は，FSWによるダイカストアルミニウム合金材と亜鉛めっき鋼板の異材重ね接合継手が自動車のフロントサブフレームに適用された時の部材外観とその断面接合状態を示している。自動車の主要部材にアルミニウム合金と鋼材の直接異材接合継手が適用された最初の事例である。

第4章 摩擦攪拌接合

(a) ピンが鉄側に接触した場合の接合界面

(b) ピンが鉄側に接触しなかった場合の接合界面

図8 FSWによるA1100アルミニウム／IF鋼重ね異材継手の断面マクロ組織
（ピン先端位置：(a)鋼側0.3mm，(b)アルミニウム側0.1mm）[22]

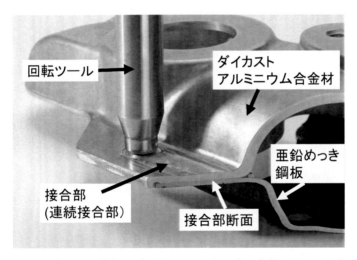

図9 亜鉛めっき鋼板とダイカストアルミニウム合金のFSWによる
直接異材接合によるサブフレーム重ね継手への実用化例
（㈱本田技術研究所より写真提供）[23,24]

1.4.2 鉄／銅 異材接合

この組合せはすでに述べたように脆い金属間化合物相は形成しないが，熱伝導度が大きく違うために溶融溶接が困難な組合せである。また，銅合金の中で黄銅は摺動部材として重要であるが，亜鉛を含むために溶融溶接が困難である。このため，鉄鋼材料との異材溶接も困難である。しかし固相接合であるFSWでは異材接合が実現可能となる。例えば，黄銅と炭素鋼とのFSWに

異種材料接合技術 ―マルチマテリアルの実用化を目指して―

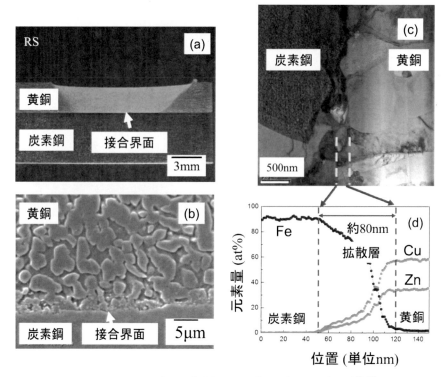

図10 FSWによる黄銅と炭素鋼の異材重ね接合部の形成組織[25, 26]

よる異材重ね接合例を図10に示す[25, 26]。接合界面において約80nmの厚さの合金元素の相互拡散層（固溶体相）が形成され，良好な継手が得られている。

1.4.3　鉄／チタン　異材接合

この組合せも，最も接合が困難な異材組合せの一つであるが，図11[27]に示すように，工業用純チタンと軟鋼SPCCとのFSWによる重ね接合により，継手引張試験において工業用純チタン材の母材で破断する良好な継手が得られている。この場合，超硬製プローブが用いられて，チタン側から挿入されている。接合界面には，金属間化合物相であるFeTi相とβ（ベータ）チタン相が混在した複合層が形成されており，その厚さは約50〜100nmと極めて薄い。

1.4.4　アルミニウム／チタン　異材接合

この組合せにおいては，状態図からは4種類の金属間化合物相が存在し，異材接合が困難な組合せになる。このため，図12(a)に示すように突合せ継手においては，プローブをアルミニウム側に挿入し，わずかにチタン側に接触する方法が取られる。図12(b)は時効性高強度アルミニウム合金A2024と工業用純チタンCP-Tiの異材継手の接合面の組織例[28]である。ツール回転速度850rpm，接合速度100mm/min，チタン側へのプローブオフセット1.0mmの接合条件で得られたものである。接合界面には金属間化合物相としてTiAl$_3$が生成し，これとチタンとの混合層が形

第4章　摩擦攪拌接合

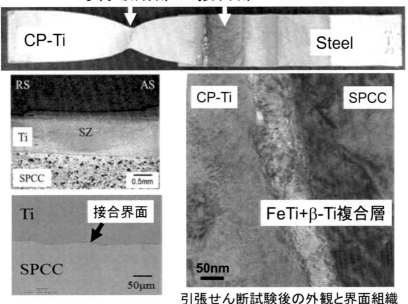

図11　FSWによる工業用純チタンCP-Tiと鉄鋼SPCCの重ね異材接合部の形成組織[27]

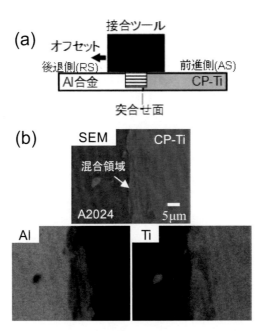

図12　FSWによるアルミニウム合金と工業用純チタンCP-Tiの突合せ接合部の形成組織[28]

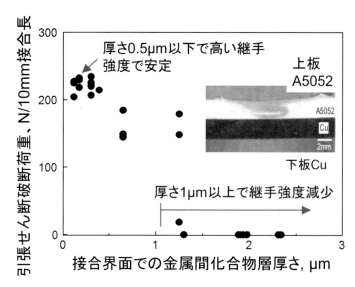

図13 FSWによるアルミニウム合金A5052とタフピッチ銅C1100の
重ね接合継手強度に及ぼす金属間化合物層厚さの影響[29]

成されている。この場合には，継手引張試験では破断は接合界面で発生し，継手強度も220MPa程度であるが，接合条件により接合入熱量の最適化を図ることによりA2024の熱影響部破断を呈し，継手強度も約330MPaと高い値が得られている。

1.4.5 アルミニウム／銅　異材接合

状態図上では，いずれの金属もある組成域までは固溶体相を形成するが，複数の金属間化合物相も存在するために，異材接合は簡単ではない。図13は，タフピッチ銅C1100とアルミニウム合金A5052との重ね接合継手の検討結果[29]である。継手引張強度と接合界面の金属間化合物層の厚さとの関係を示したものであり，図中の断面組織に示すように，アルミニウム合金が上板であり，プローブはアルミニウム合金側から挿入されたものである。接合条件を選択することにより，金属間化合物層厚さは大きく変化する。金属間化合物相は$CuAl_2$であった。継手引張せん断試験では，いずれも接合界面破断であったが，化合物層厚さが約500nm以下では，継手強度は安定して高い値を示した。しかし，これ以上の厚さでは，継手強度は急激に低下する傾向を示した。このように，接合界面における金属間化合物層の厚さを抑制することが，異材接合にとって重要なことがわかる。

1.4.6 アルミニウム／マグネシウム　異材接合

この組合せは，状態図上では2種類の金属間化合物相とそれぞれの金属固溶体相が共晶反応を示す系であり，比較的異材接合が容易に思われる組合せである。しかし，共晶反応のために，接合部の融点が大きく低下し，いわゆる凝固割れが接合部に発生しやすく，かつ金属間化合物相も同時に形成するために，実際には異材溶接が困難な組合せとなる。FSWにより鉄／アルミニウ

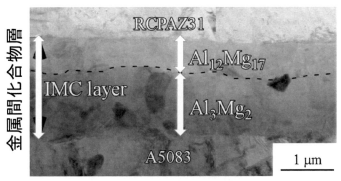

図14 FSWによるアルミニウム合金A5083とマグネシウム合金AZ31の重ね異材接合部の接合界面に形成された金属間化合物層[30]

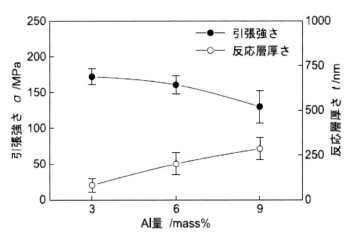

図15 FSWによるAZ系マグネシウム合金と工業用純チタンの突合せ接合継手強度と金属間化合物層厚さに及ぼすマグネシウム合金中のアルミニウム添加量の影響[29]

ムの場合と同様の手法を用い,かつ接合中の接合部の加熱温度を共晶温度以下になるように接合条件を制御することにより,溶接割れ欠陥のない比較的良好な異材継手が得られている。しかし,その接合条件範囲は狭く,継手強度は110MPa程度のものが得られている[30]。図14[30]は結晶粒微細化マグネシウム合金AZ31とアルミニウム合金A5083の接合界面に見られた2種類の金属間化合物相からなる代表的な接合界面層である。

1.4.7 マグネシウム／チタン 異材接合

この組合せは,状態図上では図1に示す2相分離型である。実用マグネシウム合金では主としてアルミニウムが主要合金元素として添加されているために,アルミニウムが接合界面でチタン

異種材料接合技術 ― マルチマテリアルの実用化を目指して ―

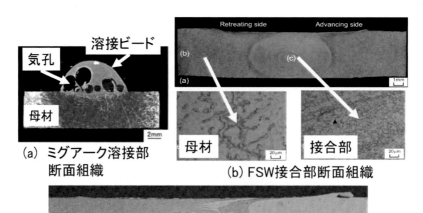

(a) ミグアーク溶接部断面組織
(b) FSW接合部断面組織
(c) ダイカスト材／圧延材とのFSW接合部断面組織

図16 (a)マグネシウム合金ダイカスト材AZ91Dのミグアーク溶接部断面における気孔発生状況と(b)FSW接合部における攪拌部の微細組織の比較，および(c)FSWによるアルミニウム合金ダイカスト材ADC12とアルミニウム合金A5052展伸材との異材接合部断面のミクロ組織
（板厚4mm，ツール回転速度1,250rpm，接合速度250mm/min）[32,33]

と反応して金属間化合物相を形成する。そして，その化合物層厚さが図15に示すように接合強度に影響を及ぼすことが知られている[29]。概して，アルミニウム添加量の増加にしたがって化合物層は厚くなり，接合強度は低下する傾向にある。なおカルシウムを添加した難燃性マグネシウム合金AMC602では，より高い接合強度が得られている[31]。

1.4.8 鋳物・ダイカスト材と展伸材との異材接合

鋳物・ダイカスト材は気孔（ブローホール，ポロシティー）の発生のために溶融溶接はほとんど実施できない[32]が，FSWでは接合が可能であり，かつ接合部では母材である鋳造組織が微細な加工組織に変化し，機械的な性質が改善される[10,11]。図16(a)と(b)は，その一例であり，AZ91Dダイカスト材のミグアーク溶接部では，多数の大きな気孔が発生しているが，FSWでは気孔は認められず，組織も微細化している。このようにFSWは，このような異材組合せに適した接合法と言える。一例として図16(c)[33]はアルミニウムダイカスト材ADC12とアルミニウム圧延材A5052との突合せ異材継手の断面組織を示す。両者は攪拌部で良好な混合組織を示しており，継手引張試験では破断配置はA5052の熱影響部であり，継手効率は95％を示した。マグネシウム合金ダイカスト材であるAZ91およびAM60とマグネシウム合金展伸材であるAZ31との組合せでもそれぞれ良好な突合せ異材継手が得られている[34]。

1.4.9 複合材料（粒子分散型アルミニウム基合金）と展伸材との異材接合

例えば，図17に示す，セラミックス粒子分散型アルミニウム合金基複合材料（10Vol％アルミ

第4章　摩擦攪拌接合

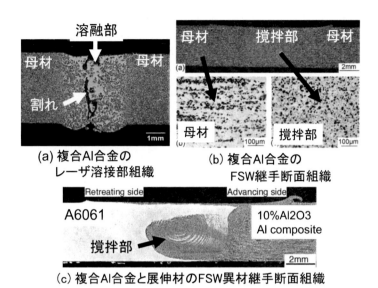

図17　(a)10%アルミナ粒子添加A6061アルミニウム合金基複合材料のヤグレーザ溶接部のミクロ組織と(b)FSWによる接合部のミクロ組織の比較，および(c)FSWによるアルミニウム合金A6061展伸材との異材突合せ接合部断面のミクロ組織
（ツール回転速度2,000rpm，接合速度250mm/min）[32, 35]

ナ粒子添加A6061複合材）では，溶融溶接を行うと溶接部にはブローホールや割れ，またセラミックス粒子の分解や凝集が発生し，実用上溶接は不可能である[32]。これに対して，FSWではツール摩耗の問題点は残っているが，アルミナ粒子が均一に分散した接合部を得ることができる[12, 13]。この効果を利用して，アルミニウム合金展伸材とアルミナ粒子分散型アルミニウム合金基複合材料との異材接合が検討されており，例えば図17(c)[35]に示すようにA6061と10Vol%アルミナ粒子添加A6061複合材の組合せにおいて良好な異材接合継手が得られ，引張試験による破断位置はA6061熱影響部であった。

1.5　摩擦攪拌点接合FSSWによる異材接合

FSSWの異材接合への検討例はまだ少ないが，FSWと同様の接合機構を有しており，異材接合に適した接合法として注目されている。

図18[36]は，FSSWによるアルミニウム合金と鉄鋼との異材重ね接合継手の検討例であり，接合界面のミクロ組織を示す。接合界面には金属間化合物相とMg-Si-O酸化物系非晶質相の混合層がごく薄い数nmの厚さで形成されており，アルミニウム合金同士の重ね接合継手強度の約90%と高い継手強度が得られている。

謝辞

下記の文献より，多くの資料を引用させて頂きました。関係各位に紙面をお借りしてお礼申し上げます。

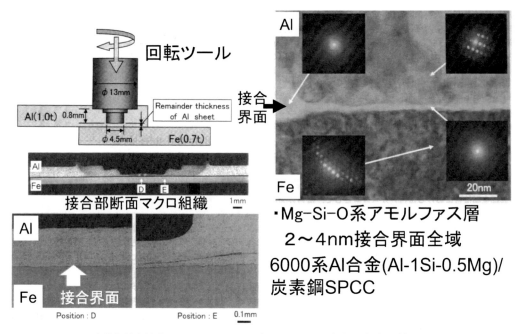

図18 摩擦攪拌点接合FSSWによる6000系アルミニウム合金と冷延圧延鋼SPCCとの重ね接合部の微細形成組織[36]

文　献

1) T. B. Massalski, *Binary Alloy Phase Diagram*, 2nd ed., ASM (1990)
2) Welding handbook 8th ed., **2**, America Welding Society, Miami, FL (1991)
3) W. M. Thomas et al., *Friction stir butt welding.*, International Patent Application No.PCT/GB92/02203 and GB Patent Application No.9125978.8
4) 溶接学会編, 摩擦攪拌接合 ─ FSWのすべて ─, 産報出版 (2006)
5) C. J. Dawes., *Weld. & Metal Fab.*, January, 13-16 (1995)
6) C. J. Dawes, W. M. Thomas, *Weld. J.*, March, 41-45 (1996)
7) K. Nakata et al., *ISIJ International*, **40**, Supplement, S15-S19 (2000)
8) 中田, 牛尾, 溶接学会誌, **71**(6), 418-421 (2002)
9) C. J. Dawes, *Proc. of the 6th Int. Symp.*, JWS, Nagoya, 711-718 (1996)
10) T. Hashimoto et al., *Proc. 7th Intl. Conf. on Joints in Aluminum, INALCO'98*, UK, 237 (1998)
11) 中田ほか, 軽金属, **51**(10), 528-533 (2001)
12) T. W. Nelson, H. Zhang, T. Haynes, *2nd Int. Symp. on Friction Stir Welding*, TWI (2000)
13) K. Nakata et al., *Materials Science Forum*, **426-432**, 2873-2878 (2003)
14) 中田, 溶接技術, **52**(12), 123-127 (2004)
15) 藤本ほか, 溶接学会論文集, **25**(4), 553-559 (2007)
16) 福原, 溶接学会誌, **85**(7), 652-656 (2016)

17) 岡村ほか, 溶接学会誌, **72**(5), 436（2003）
18) 岡本ほか, 軽金属溶接, **42**(49)（2004）
19) 渡辺, 柳沢, 高山, 溶接学会論文集, **22**(1), 141（2004）
20) 福本ほか, 溶接学会論文集, **22**(2), 309（2004）
21) 岡本, 青田, 軽金属溶接, **42**(2), 49（2004）
22) ㈶宇宙環境利用推進センター,「異材溶接技術の基礎研究」, 平成13年度調査報告書（2002.3）
23) 日経ものづくり, FOCUS, 2012年10月号, 18-19（2012）
24) 佐山, 軽金属溶接, **52**(1), 3-9（2014）
25) Y. Gao, K. Nakata et al., *Materials & Design*, **90**, 1018-1025（2016）
26) Y. Gao, K. Nakata et al., *J. Materials Processing Technology*, **229**, 313-321（2016）
27) Y. Gao, K. Nakata et al., *Materials & Design*, **65**, 17-23（2015）
28) M. Aonuma, K. Nakata et al., *Materials Science & Engineering B*, **52**, 948-952（2011）
29) 青沼, 中田, 塑性と加工（日本精密加工学会誌）, **53**（621号）, 869-873（2012）
30) N. Yamamoto, K. Nakata et al., *Materials Transactions*, **50**(12), 2833-2838（2009）
31) M. Aonuma, K. Nakata et al., *Materials Science & Engineering B*, **161**, 46-49（2009）
32) 中田, 溶接学会誌, **72**(1), 12-15（2003）
33) 立野ほか, 鋳造工学会第146回全国講演大会講演概要集, 63（2005.5）
34) R. Johnson, *Materials Science Forum*, **419-422**, 365-370（2003）
35) S. Inoki, K. Nakata et al., 生産技術の革新に貢献する接合科学, 大阪大学接合科学研究所30周年記念国際シンポジウムプロシーディング, 139-142（2003）
36) 田中ほか, 軽金属, **56**, 317（2006）

2 摩擦重ね接合法による金属と樹脂・CFRPの接合

永塚公彬[*1], 中田一博[*2]

2.1 はじめに

自動車,鉄道車両,航空機などの輸送機器の省エネルギー化およびCO_2排出量抑制への要求が近年高まっており,これらの構造のマルチマテリアル化による軽量化が注目されている。軽量化を図るために,高強度の高張力鋼薄板や軽金属であるAl合金が適用され,さらに,軽量な樹脂材料および炭素繊維強化樹脂(CFRP:Carbon fiber reinforced plastic)を積極的に構造材料として使用する取り組みが行われている。CFRPは,樹脂の軽量性と,炭素繊維(CF:Carbon fiber)の高強度,高弾性の特徴を併せ持つ複合材料である。この中でも熱可塑性樹脂をマトリックスとする炭素繊維強化熱可塑性樹脂(CFRTP:Carbon fiber reinforced thermoplastic)は,熱硬化性樹脂をマトリックスとするCFRPと比較して,ホットプレスや射出成形による大量生産が可能で,成形時間の短縮,製造コストの削減が実現でき,一般自動車用として使用拡大が期待されている[1~3]。

このように金属材料のみならず樹脂・CFRPも適材適所で使用するマルチマテリアル構造の実現のためには,金属材料と樹脂・CFRPの異種材料接合が不可欠であり,その接合技術開発への要求が高まっている。樹脂・CFRPと金属との異種材料接合方法としては,接着剤による接着,あるいはボルト,リベットなどによる機械的締結が一般的であるが[4~6],近年新しい接合法として,熱可塑性の樹脂・CFRTPを加熱,溶融させて金属と接合する熱圧着(融着)に関する研究が盛んに行われている。熱圧着は,使用する熱源によって,レーザ溶着[6],誘導加熱接合[7],超音波接合[8],摩擦攪拌スポット溶接[9],摩擦攪拌接合(FSW:Friction stir welding)[10]および摩擦重ね接合(FLJ:Friction lap joining)[11~18]などの手法が挙げられる。これらの中でも,FLJは,短時間で界面に熱と圧力を伝えることが可能な連続接合法で,密着性に優れた強固な接合部を形成することが可能である。

2.2 摩擦重ね接合

図1に摩擦重ね接合(FLJ)の模式図を示す。FLJでは,金属とCFRTPを重ね継手とし,ツールと呼ばれる円柱状の工具を高速回転させながら,前進角をつけて金属側に押し付けることで,ツールと金属の間に生じる摩擦によって金属を加熱し,そこからの熱伝導により界面近傍の熱可塑性樹脂をわずかに溶融させて接合する方法である[11~18]。FLJでは,摩擦による加熱とツールによる接合界面の加圧を同時に行うため,密着性に優れた連続的な接合部を形成することが可能である。さらに,この方法はロボットによる施工が可能であり,実構造への適用において不可欠な,立体的な曲面状などの多様な継手形状への適用が可能である。FLJにより接合した継手の接

[*1] Kimiaki Nagatsuka 大阪大学 接合科学研究所 特任助教
[*2] Kazuhiro Nakata 大阪大学名誉教授;大阪大学 接合科学研究所 特任教授

第4章　摩擦撹拌接合

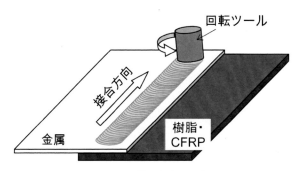

図1　摩擦重ね接合の模式図

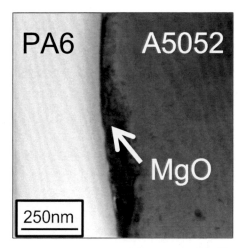

図2　A5052／PA6の接合界面の微細構造[13]

合特性に影響を及ぼす要素としては，ツールの材質，直径，前進角，押付け深さ（押付け荷重），回転速度および接合速度などの接合条件，接合樹脂・CFRPの材質および分子構造，接合金属の材質，ならびに表面処理などが挙げられ，接合条件，樹脂の改質，表面処理などの要素を最適化することで，様々な材質の素材の接合が可能となる。以下に，FLJを用いて金属／樹脂・CFRPの接合を行った事例について紹介する。

2.3　金属／樹脂の接合
2.3.1　Al合金／ポリアミド6の接合特性に及ぼすAl合金中のMg添加量の影響

Mg添加量の異なる種々のAl合金とポリアミド6（PA6）をFLJにより異材接合し，接合特性に及ぼすMg添加量の影響を検討した。

図2にA5052／PA6接合界面の微細構造を示す[13]。これらの継手の接合界面には，Al合金としてMgを合金成分として含むA3004，A5052およびA5083を用いた場合ではMgOが，Mgを含まな

異種材料接合技術 —マルチマテリアルの実用化を目指して—

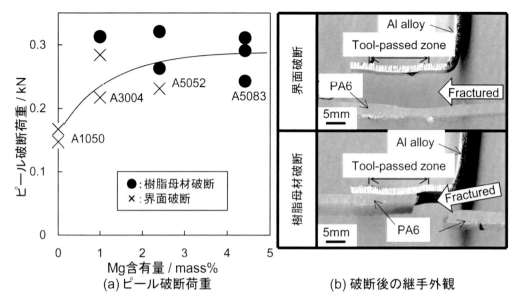

(a) ピール破断荷重　　(b) 破断後の継手外観

図3　Al合金／PA6接合継手のピール破断荷重に及ぼすAl合金中のMg添加量の影響[13]

いA1050を用いた場合ではAl$_2$O$_3$が形成され，これらの酸化物を介してPA6とAl合金が連続的に密着された接合部が認められた。このようなMgOは合金中のMg添加量が増加するにともなって連続的に形成された。MgOは接合中の加熱によって合金成分として添加されたMgが界面に拡散し，自然酸化皮膜として形成されていたAl酸化物を還元することで形成されたと考えられる。

次にこれらの継手の接合強度を測定するために，ピール試験を行った。図3(a)および(b)にAl合金／PA6のピール破断荷重に及ぼすAl合金中のMg含有量の影響，および試験後の破断継手の外観をそれぞれ示す[13]。ピール破断荷重は，Al合金中のMg添加量の増加にともなって増加し，A3004よりMg添加量が多い場合はPA6部で母材破断を呈する継手も認められ，A5083を用いた場合では試験を実施した3本の試験片全てが母材破断となった。

これらの結果より，FLJによるAl合金／PA6の直接異材接合においては，Al合金中のMg添加量の増加にともない，接合界面にMgOが形成されるようになり，接合強度が上昇することが示唆された。金属／樹脂材料の融着のメカニズムとしては，アンカー効果などの機械的な接合力，および金属表面の酸化物などと樹脂中の極性官能基の間に作用する水素結合力などが提案されている[19]。これらの中でも，金属／樹脂材料の接合界面では，金属表面に形成された酸化物と樹脂の極性官能基の静電引力で生じる水素結合力の影響は大きい。Al合金中のAlとMgは電気陰性度が低く，電気陰性度の高いOと双極子を形成し，Oは負電荷を，AlおよびMgは正電荷を帯びている。電荷の偏りは電気陰性度の差が大きいほど大きくなり，電気陰制度の差が大きいMgと結合したOの方がAlと結合したOと比較して，より強く負電荷を帯びた状態となると考えられる[20]。すなわち，PA6側の極性官能基との静電引力による水素結合は，Al$_2$O$_3$よりもMgOが形成された

第4章　摩擦攪拌接合

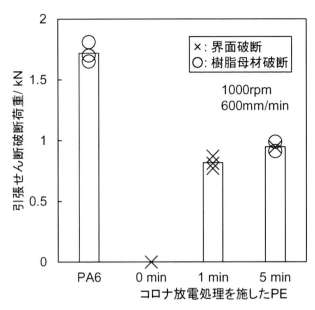

図4　SPCC／PA6およびPE継手の引張せん断破断荷重[17]

方が大きくなると考えられる。そしてMg添加量の多いAl合金ほど，接合界面にMgOがより多く，かつ連続的に形成されるため，Al合金／樹脂の接合界面の接合強度が増加したと考えられる。

2.3.2　鉄鋼材料／樹脂の接合に及ぼす樹脂中の極性官能基の影響

鉄鋼材料であるSPCCと，極性を有する樹脂としてPA6，無極性の樹脂としてポリエチレン（PE）の受入材およびコロナ放電処理を施したPEのFLJを行い，樹脂中の極性官能基の影響を検討した。コロナ放電処理は，大気中の放電によってOのラジカルおよびオゾンなどを発生させ，樹脂の表面を酸化することで極性官能基を付与する表面処理法である。

図4にFLJにより接合したSPCC／PA6およびPE継手の引張せん断破断荷重を示す[17]。SPCC／PA6は，いずれの試験片もPA6の母材部で破断が生じるほど，強固な接合が可能であった。これに対し，PEの受入材を用いた場合は接合できなかった。このPEに対しコロナ放電処理を施した結果，継手の形成が可能となり5min間処理を施した継手においてはPEでの母材部破断が生じた。PA6，ならびにPEの受入材およびコロナ放電処理材の表面の化学状態をXPSにより分析した。PA6では極性官能基であるアミド基（CONH）に起因する結合が認められ，PEの受入材からは単純な炭素骨格に起因するC-CおよびC-H結合のみが認められ極性官能基は認められなかった。これに対し，コロナ放電処理を施したPEでは，カルボキシル基（COOH）およびヒドロキシル基（OH）に起因する結合が認められ，コロナ放電処理を施すことでPEの表面が酸化し，極性が付与されたことが示唆された。これらのSPCC／樹脂継手の接合界面には，Fe_3O_4などのSPCCの酸化物層が形成され，Al合金の場合と同様に酸化物を介してSPCCと樹脂が接合された。

このようにPA6は強固な直接接合が可能で，PEでは受入材は接合されずコロナ放電処理を施

すことで接合が可能となった理由としては，樹脂中に存在する極性官能基が金属と樹脂の水素結合力に影響を及ぼしたためであると考えられる．すなわち，SPCC／PA6の場合，PA6はアミド基を有し，アミド基には電気陰性度の高いNと共有結合し，電気的にプラス性をおびたHが存在する．このHとSPCC表面の酸化物に含まれるOが孤立電子対をつくり，静電引力に起因する水素結合力により継手が形成されたと考えられる[19]．PEの接合の場合，受入材のPEは電気陰性度の大きい原子が表面に存在せず，極性を持たないため，接合されなかったと考えられる．そしてPEにコロナ放電処理を施すことによって表面に極性官能基が与えられ，例えばカルボキシル基には，電気陰性度の高いOと共有結合し，電気的にプラス性を帯びたHが存在する．このHとSPCC表面の酸化物に含まれるOが水素結合を生じることにより継手が形成されたと考えられる．

同様に鉄鋼材料であるSUS304を被接合材料として用いた場合では，SUS304の酸化皮膜であるCrの酸化物を介して継手が形成され，その接合強度はSPCCを用いた場合に比べて大きくなる傾向が認められた．これはSPCCの場合はFeの酸化物，SUS304の場合はCrの酸化物を介して接合されたことから，FeとCrではCrの電気陰制度が低いため，2．3．1項のAl合金／PA6の接合の場合と同様のメカニズムで静電引力に起因する水素結合力が大きくなったためと考えられる．

また，Al合金，SPCC，SUS304に加えて，Mg合金，Ti合金，Cu合金などもFLJにより同様に極性を有する樹脂は接合することが可能であることが確認されており，これらの金属／樹脂の接合はいずれも金属の酸化皮膜と樹脂の極性官能基の化学的な相互作用に起因すると考えられる．

2．4　金属／CFRTPの接合

A5052とCFRTPのFLJ異材接合特性に及ぼす接合速度の影響を検討した．CFRTPとしては，PA6からなるマトリックスに短繊維のCFを20wt％添加したペレットを用いて射出成形にて試作したものを用いた．

図5に接合速度100および1,600mm/minのA5052/CFRTP界面の温度履歴を示す[15]．接合部の温度履歴は，A5052/CFRTP接合界面の継手接合方向中央のツール通過部中心にあらかじめ線径0.2mmの熱電対を挿入して実測した．回転ツールが温度測定部に接近することで，温度は急激に上昇し，ツールの通過後は緩やかに冷却された．接合界面の最高到達温度は，接合速度1,600mm/minでは725K，100mm/minでは760Kであり，大きな差は認められなかった．また，最高到達温度は，CFRTPの融点および熱分解温度を上回っており，これらを上回っている時間，すなわち溶融時間および熱分解時間は接合速度の低下にともなって長くなった．

図6(a)および(b)に，接合速度100から2,000mm/minの，接合部断面のマクロ組織およびCFRTP部のミクロ組織をそれぞれ示す[15]．ツール通過部では軟化したA5052およびCFRTPがツールの押し付け荷重によって，いずれの条件でも下凸型に変形しており，その変化量は接合速度の減少にともなって大きくなった．CFRTP中には，繊維の配向性が乱れたPA6の溶融部が認められ，この深さは接合速度の低下にともなって大きくなった．いずれの接合速度でもCFRTP中に樹脂が熱分解したと考えられるボイドが認められた．TEMによる界面の微細構造解析を行った結果，

第 4 章　摩擦攪拌接合

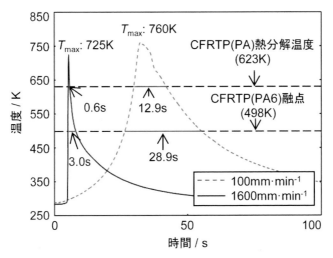

図 5　接合速度100および1,600mm/minのA5052/CFRTP界面の温度履歴[15]

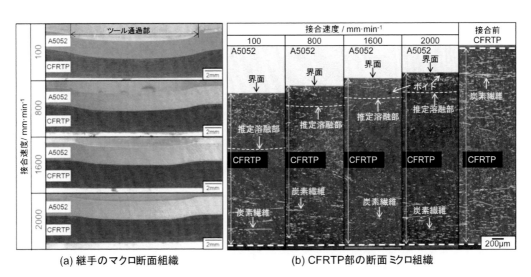

(a) 継手のマクロ断面組織　　　　(b) CFRTP部の断面ミクロ組織

図 6　接合速度100から2,000mm/minの接合部断面の(a)マクロ組織および(b)CFRTP部のミクロ組織[15]

前述のAl合金／PA6の場合と同様に接合界面にはMgOからなる酸化物層が認められ，MgOを介してCFRTP中のPA6がA5052に接合された．なお，炭素繊維とA5052が直接接して接合されている部分は認められなかった．これらの結果より，CFRTPの接合においても，CFRTP中のPA6の極性官能基であるアミド基とMgOが水素結合などにより接合することで，継手が形成されたと考えられる．また，接合速度100および1,600mm/minにて接合した継手の断面組織より界面近傍のCFRTPを採取し，ゲル浸透クロマトグラフィーによりCFRTP中のPA6の分子量測定を行った結果，接合速度1,600mm/minの場合は受入材の約98％の分子量を維持しており，接合速度100

異種材料接合技術 ―マルチマテリアルの実用化を目指して―

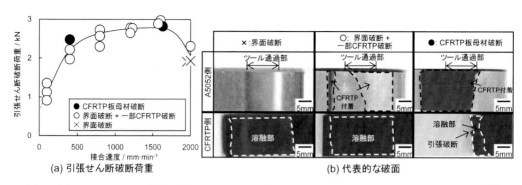

図7 (a)A5052／CFRTP継手の引張せん断破断荷重に及ぼす接合速度の影響および(b)代表的な破面[15]

mm/minの場合は受入材の約78%まで分子量が低下した。

図7に(a)に継手の引張せん断破断荷重に及ぼす接合速度の影響および(b)に代表的な破面を示す[15]。(a)の引張せん断破断加重のグラフにおける×，○および●は，それぞれ(b)の破面の界面破断，巨視的には界面破断ではあるもののA5052側にCFRTPに起因する付着物が認められた一部CFRTP破断，およびCFRTP板母材破断に対応する。引張せん断破断荷重は，1,600mm/minで最大の約3kNとなり，これより接合速度が大きい場合も，小さい場合も強度は低下した。巨視的には界面破断を呈した継手について，A5052側の破面分析を行った結果，破面はCFRTP母材部で破断を呈している領域，接合界面で破断が生じている領域，ボイド部で破断が生じている領域に分類が可能であった。接合速度によってこれらの破断領域の割合は変化し，接合速度が最も大きい2,000mm/minでは，主に界面破断を呈し，接合速度が小さくなるにともない，界面破断率は低下し，CFRTPの母材部破断領域が増加した。これら結果より，接合速度の最も大きい2,000mm/minで継手強度が低下した理由は，接合速度が大きすぎたことでA5052とPA6が十分に濡れず，A5052とPA6との間の界面強度が低下し，A5052とPA6の界面で破断が容易に生じたと考えられる。そして接合速度の最も小さい100mm/minの条件では，CFRTPが長時間高温に晒されたためにCFRTP素材の強度が低下し，継手強度が低下したと考えられる。以上のことから，FLJによる金属とCFRTPの接合においては，金属とCFRTPの界面強度が十分に保持され，なおかつ，CFRTP素材の入熱による劣化を最低限に抑えることで，高い強度の継手を得ることが可能であると考えられる。

2.5 金属への表面処理が接合特性に及ぼす影響

図8に種々の番手のエメリー紙およびダイヤモンドペーストを用いて流水中で湿式研磨を施したA5052とPA6をFLJにより接合した場合の，A5052の表面粗さと継手の引張せん断破断荷重の関係を示す。表面粗さ約0.3μmまでは，表面粗さの増加にともなって継手の引張せん断破断荷重は増加し，それ以上の表面粗さでは飽和する傾向が認められた。これらの継手のA5052側の破面からは，研磨の傷に沿ってPA6が残っている様子が観察されたことから，このような引張せん

第4章　摩擦攪拌接合

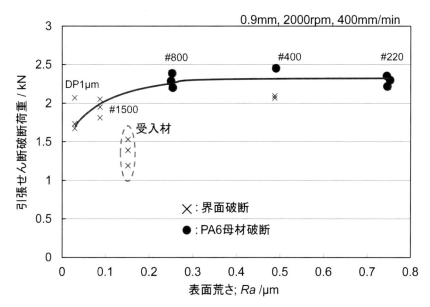

図8　種々の番手のエメリー紙およびダイヤモンドペーストを用いて流水中で湿式研磨を施したA5052とPA6をFLJにより接合した場合のA5052の表面粗さと継手の引張せん断破断荷重の関係

断破断荷重の増加は，研磨の傷に溶融したPA6が侵入することでアンカー効果が生じたことに起因すると考えられる。また，いずれの研磨条件においてもA5052の受入材を用いた場合に比べて，引張せん断破断荷重は大きく，表面の凹凸によるアンカー効果による影響よりも，流水中の湿式研磨で表面の化学状態が変化することによる影響が大きいと考えられる。

図9に，A5052の受入材，酸化皮膜処理材，湿式研磨処理材およびシランカップリング処理材とCFRTP（PA6＋20wt%CF）のFLJ継手の引張せん断破断荷重を示す[18]。いずれの表面処理を施した場合においても，A5052とCFRTPの直接接合が可能であった。継手の引張せん断破断荷重は，受入材，酸化皮膜処理材，湿式研磨処理材，シランカップリング処理材の順で大きくなり，シランカップリング処理を施した場合では，CFRTP板の母材部で破断を生じた。シランカップリング処理を施しCFRTP板で母材破断を呈した継手の継手効率は約97%であり，界面の推定せん断強度は約22MPa以上であった。

これらの継手のTEMによる界面微細構造解析を行った結果，接合界面には，受入材および湿式研磨処理材ではMgO，酸化皮膜処理材ではAl_2O_3，シランカップリング処理材ではMgOおよびシランカップリング剤に起因するSi濃化層が認められた。また，XPSによる接合前の表面の化学状態分析の結果，受入材に比べて，酸化皮膜処理材および湿式研磨処理材では，Alの水酸化物の形成量が増加しており，溶融したCFRTPのマトリックスであるPA6との濡れ性が向上していることが示唆された。すなわち，受入材に対し，酸化皮膜処理および湿式研磨処理を施すことで，表面にAlの水酸化物が形成されることで溶融したPA6との濡れ性が改善され，接合強度が増

異種材料接合技術 ―マルチマテリアルの実用化を目指して―

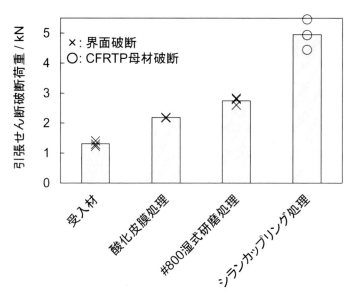

図9　A5052の受入材，酸化皮膜処理材，湿式研磨処理材およびシランカップリング処理材とCFRTP（PA6＋20wt%CF）のFLJ継手の引張せん断破断荷重[18]

加したと考えられる。そして酸化皮膜処理ではAl_2O_3，湿式研磨処理ではMgOがFLJ後の接合界面に認められたことから，水素結合力の向上に有利なMgOが形成されたことで湿式研磨処理材の強度が，酸化皮膜処理材に比べて高くなったと考えられる。さらにシランカップリング処理を施した場合では，シランカップリング層と金属およびシランカップリング層と樹脂の接合界面に化学的な結合力が導入され，接合強度が著しく増加したと考えられる[21]。

2.6　ロボットFLJによる金属／CFRTPの接合

実構造へのFLJの適用を目指して，3次元形状接合面への適用が可能と考えられるロボットFSWを用いてFLJを実施し，ロボットFLJによる鉄鋼（SPCC）およびアルミニウム合金（A5052）／CFRTP（PA6＋20wt%CF）の接合性について検討を行い，さらに，曲面の接合への適用を行った。

図10にロボットFLJにより平板同士を接合した，A5052/CFRTPおよびSPCC/CFRTP継手の引張せん断破断荷重を示す[22]。A5052/CFRTPの継手では，接合速度の増加にともなって継手の引張せん断破断荷重は増加し，10mm/sにて最大の約2kNとなり，これ以上の接合速度では低下した。接合速度が10mm/sより小さい場合ではCFRTPのマトリクスであるPA6が熱分解を生じることで，接合速度が大きい場合では，接合部幅が小さかったことや，金属と溶融したCFRTPの濡れが不十分であったために継手強度は低下したと考えられる。SPCC/CFRTPの継手においては，検討を行った接合速度8mm/sまでは，接合速度の増加にともない継手強度は増加した。こ

第4章　摩擦攪拌接合

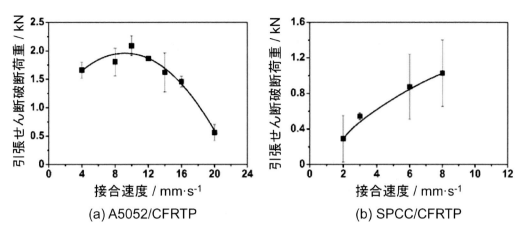

図10　ロボットFLJにより平板同士を接合したA5052/CFRTPおよびSPCC/CFRTP継手の引張せん断破断荷重[22]

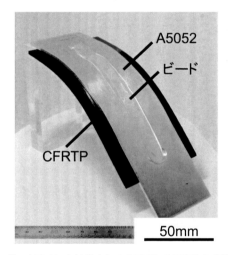

図11　ロボットFLJにより接合したA5052/CFRTPの曲面接合継手

れ以上接合速度を増加させた場合は，A5052/CFRTPの場合と同様に強度が低下すると考えられる。このようにロボットFLJを用いた場合においても，金属／CFRTPの接合は可能であり，従来のFLJと同様に強固な接合が可能であった。また，これらの継手に対し，表面処理を施すことで，ロボットFLJにおいても接合強度を著しく向上させることは可能である。

図11にロボットFLJによりA5052/CFRTPの曲面の接合を行った継手の外観写真を示す。曲面接合においても，接合条件を最適化することで，ロボットFLJにより，連続的に滑らかで大きなバリの生じない強固な接合部が可能となった。

今後，接合条件の最適化，ロボット制御の改善，ロボットの剛性の増加などにより，鉄鋼材料などへの適用や，さらなる接合の高強度化が期待される。

2.7 まとめ

　金属／樹脂・CFRPのFLJによる異種材料接合継手の接合特性に及ぼす，接合条件，金属および樹脂の材質，金属への表面処理の影響について検討し，これらを最適化することで，樹脂・CFRPで母材破断を呈するほどの強固な接合が可能であることを示した．また，ロボットFSW装置を用いたFLJについても，同様に強固な接合が可能であることを示し，これを用いた3次元形状接合面への適用について紹介した．

謝辞

　本研究の一部は，平成27年度NEDO委託事業（未来開拓研究プロジェクト）「革新的新構造材等研究開発」およびJSPS科研費 26820326の助成を受けたものである．
　本研究の遂行にあたって，㈱日立パワーソリューションズおよびトライエンジニアリング㈱には多大なご協力を頂きましたこと，厚く御礼申し上げます．

文　　献

1) J. C. Williams et al., *Acta Materialia*, **51**, 5775-5799 (2003)
2) S. Y. Fu et al., *Composite Part A*, **31**, 1117-1125 (2000)
3) C. K. Narula et al., *Chemistry of material*, **8**, 987-1003 (1996)
4) A. Finka et al., *Composites Science and Technology*, **70**, 305-317 (2010)
5) S. B. Kumara et al., *Materials Science and Engineering B*, **132**, 113-120 (2006)
6) S. Katayama et al., *Scripta Materialia*, **59**, 1247-1250 (2008)
7) P. Mitschang et al., *Journal of thermoplastic composite materials*, **22**, 767-801 (2009)
8) F. Balle et al., *Advanced Engineering Materials*, **11**, 35-39 (2009)
9) S. T. Amancio-Filho et al., *Materials Science and Engineering A*, **528**, 3841-3848 (2011)
10) 小澤崇将ほか，軽金属，**65**(9)，403-410 (2015)
11) T. Okada et al., *Materials Science Forum*, **794-796**, 395-400 (2014)
12) F. C. Liu et al., *Materials & Design*, **54**, 236-244 (2014)
13) 永塚公彬ほか，溶接学会論文集，**32**，235-241 (2014)
14) F. C. Liu et al., *Science and Technology of Welding and Joining*, **19**, 578-587 (2014)
15) K. Nagatsuka et al., *Composite Part B*, **73**, 82-88 (2015)
16) F. C. Liu et al., *Science and Technology of Welding and Joining*, **20**, 291-296 (2015)
17) K. Nagatsuka et al., *ISIJ International*, **56**, 1226-1231 (2016)
18) 永塚公彬ほか，溶接学会論文集，**33**，317-325 (2015)
19) 小川俊夫，接着ハンドブック第4版，日刊工業新聞社 (2007)
20) 日本金属学会，改訂4版 金属データブック，丸善出版 (2004)
21) 中村吉伸ほか，シランカップリング剤の効果と使用法，S&T出版 (2012)
22) 永塚公彬ほか，溶接学会平成28年度秋季全国大会講演概要集，一般社団法人溶接学会 (2016)

第5章 その他の接合方法

1 シリーズ抵抗スポット溶接による金属とCFRPの接合

永塚公彬[*1], 中田一博[*2], 佐伯修平[*3], 北本 和[*4], 岩本善昭[*5]

1.1 はじめに

自動車などの輸送機器の軽量化への要求が高まり,金属と軽くて比強度に優れる炭素繊維強化樹脂(CFRP:Carbon fiber reinforced plastic)とのマルチマテリアル化が注目されている。マルチマテリアル化を行うにあたって,必要となる異種材料接合法としては,前章で述べた通り様々な熱源を用いて,熱可塑性樹脂およびこれをマトリックスとするCFRP(CFRTP:Carbon fiber reinforced thermoplastic)をわずかに溶融させて金属と直接接合する融着法の開発が行われている[1~10]。特に自動車などの組み立てにおいては,接合強度および生産効率を兼ね備えた接合法が求められ,抵抗スポット溶接(RSW:Resistance spot welding)法を用いた融着法は,これらの要求を満たすことが可能であると考えられる。従来のRSWは,接合対象が金属同士であり,上板,下板が共に導電性材料であるため,上板と下板に対しそれぞれ電極を配置し,一方の電極から溶接箇所を通じて他方の電極に溶接電流を流すことが可能である[11]。しかし,非導電材料である樹脂・CFRPの接合では,金属と樹脂・CFRPの両側に電極を配置して接合を行うことができない。そこで導電性を有する金属側だけに電極を配置するシリーズ抵抗スポット溶接(シリーズRSW)法に着目し,この方法を用いた金属/樹脂・CFRPの異材接合を試み,接合特性に及ぼす種々の条件の影響を検討した[12, 13]。

1.2 シリーズ抵抗スポット溶接を用いた金属/樹脂・CFRPの接合

図1(a)および(b)に,金属同士および金属と樹脂・CFRPのシリーズRSWの原理図をそれぞれ示す。この方法では,上板の金属上に2つ以上の電極を押付けて加圧を行い,電極間の金属に電流を流して抵抗発熱により加熱・溶接する。金属同士のシリーズRSWでは,上板,下板の両側に電極を配置するRSWと同様に,上板と下板の接合部を電流が通じることで界面を加熱して接合を行う。この際,電流の一部は上板だけを通って分流し,この分流は接合部の温度上昇にはほとんど寄与しないため無効分流と呼ばれる[11]。これに対し,金属と樹脂・CFRPのシリーズRSWで

---

* [*1] Kimiaki Nagatsuka 大阪大学 接合科学研究所 特任助教
* [*2] Kazuhiro Nakata 大阪大学名誉教授;大阪大学 接合科学研究所 特任教授
* [*3] Shuhei Saeki ㈱電元社製作所 溶接技術開発課
* [*4] Yamato Kitamoto ㈱電元社製作所 溶接技術開発課
* [*5] Yoshiaki Iwamoto ㈱電元社製作所 溶接技術開発課長

異種材料接合技術 ―マルチマテリアルの実用化を目指して―

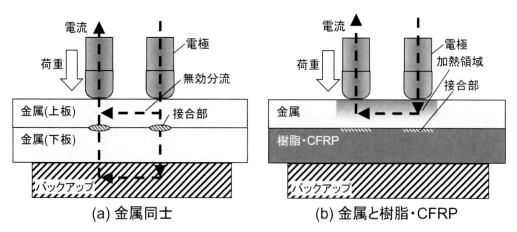

図1 (a)金属同士および(b)金属と樹脂・CFRPのシリーズRSWの原理図[11,12]

は，樹脂・CFRPに電流が流れないため，金属同士の溶接で無効分流と呼ばれる上板金属だけを流れる電流による抵抗発熱を利用して金属を加熱し，金属からの熱伝導で樹脂・CFRPを溶融・凝固させて接合を行う[12,13]。

シリーズRSWを応用した金属／樹脂・CFRP接合法のメリットとしては，電極による加熱と同時に加圧するため，強固な密着性が期待されることに加え，短時間接合が可能あるため樹脂・CFRPの劣化が少なく生産性にも優れ，装置およびランニングコストが低く，自動化およびロボット化が容易で，既存の溶接電源およびロボットの流用が可能であることなどが挙げられる。

1.3 実験方法

供試材料には，樹脂・CFRP板（150×75×3 mm^3）として熱可塑性樹脂であるポリアミド6（PA6）のマトリックスに炭素繊維（CF）を20wt.%含有したCFRPおよびCF無添加のPA6，ならびに金属板（150×75×2 mm^3）としてオーステナイト系ステンレス鋼（SUS304）を用いた。接合に先立ち，PA6およびCFRP板にはエタノール，金属板にはアセトンを用いて脱脂した。図2に金属／樹脂・CFRPのシリーズ抵抗スポット溶接方法の模式図および寸法を示す。供試材料は，重ねしろ40mmとして表面処理面が接合界面側となるように金属板を上板，PA6およびCFRP板を下板として設置した。そして直流インバータ式シリーズ抵抗スポット溶接機を用いて，先端径φ8mmのDR型（R40）クロム銅電極を金属側に押し付けて通電加熱を行った。接合条件を表1に示す。電極加圧力は電極一つ当たり1.5kN，電極間距離55mmとし，溶接電流4から8kA，および溶接時間250から600msとして，これらの影響を検討した。

1.4 実験結果および考察

図3に，SUS304/CFRP継手の外観写真を示す[12]。いずれの接合条件においても，SUS304と

第5章 その他の接合方法

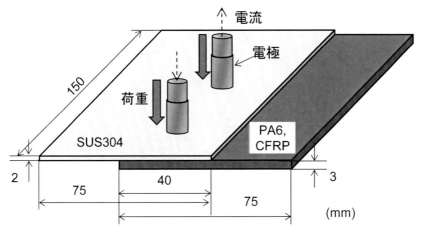

図2　金属／樹脂・CFRPのシリーズ抵抗スポット溶接方法の模式図（mm）[12,13]

表1　シリーズRSW条件

電極	溶接電源	荷重	電極間距離	溶接電流	溶接時間	冷却
Cu-Cr合金，ドームラジアス型（40R-8φ）	DCインバータ式	電極ごとに1.5kN	55mm	4～8kA	200～600ms	30秒間エアブロー

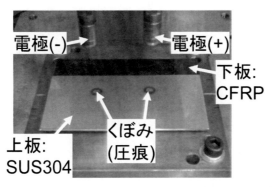

図3　SUS304/PA6およびSUS304/CFRP継手の外観写真[12]

PA6およびCFRPとの直接接合が可能であり，金属側にはくぼみ（圧痕）が形成され，電極加圧力1.5kNにおいてはチリの発生は認められなかった。入熱量の大きい一部の継手では，溶接中にSUS304が溶融してくぼみ付近に割れが生じたが，溶接電流および時間を制御し入熱量を減少させることで，割れを防止することが可能であった。PA6を接合した継手においては，PA6が半透明であることから，PA6の溶融部と考えられる接合領域の観察が可能であり，入熱量の増加に伴って溶融部面積は増加した。また，PA6の一部が黄褐色に変色している領域が認められたが，

異種材料接合技術 ―マルチマテリアルの実用化を目指して―

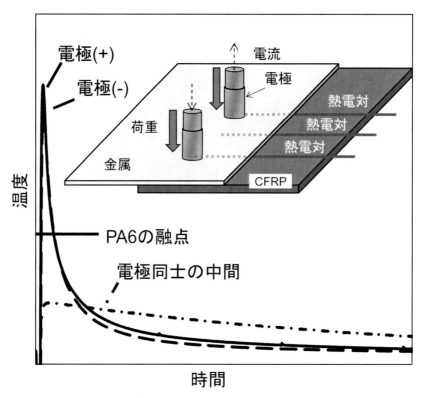

図4 電極直下および電極の中間における温度履歴[12,13]

これは瞬間的に高温に曝されたため，熱分解が生じていることに起因すると考えられる。

これらの継手の断面組織観察を行った結果，電極直下のSUS304/CFRPには，ボイドなどは認められず，連続的な接合界面が形成され，CFRPのマトリックス樹脂であるPA6とSUS304の厚さ10nm程度の酸化皮膜が接合されていた[13]。

図4に電極直下および電極の中間において，熱電対で実測した温度履歴を示す[12,13]。図5に溶接中の(a)外観および(b)サーモグラフィにより計測した温度分布を示す。電極直下は，通電により急激に加熱され，瞬間的には約400℃以上の高温となりCFRPのマトリックスであるPA6の融点（225℃）を上回り，通電が終了すると数秒で融点を下回った。なお，電流の向きによる大きな差異は認められなかった。これに対し，電極間の中心は最高到達温度が低く，入熱量の低い接合条件ではPA6の融点を上回らなかった。電極間中心に比べて電極直下の方が冷却速度は速い傾向が認められた。これは電極として熱伝導率の高いCu合金を用い，電極は水冷されているためであると考えられる。また，溶接電流および溶接時間を増加させて入熱量を大きくした場合は，最高到達温度およびPA6の融点を上回っている時間が増加した。

図6(a)に溶接電流とSUS304/CFRP接合継手の引張せん断破断荷重および引張せん断強度の関係を，(b)および(c)に引張せん断試験後のSUS304側およびCFRP側の破面観察の結果を示す[12,13]。

第5章　その他の接合方法

(a) 接合中の外観

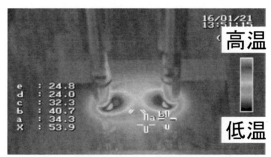

(b) 接合中の温度分布

図5　(a)接合中の外観および(b)接合中の温度分布

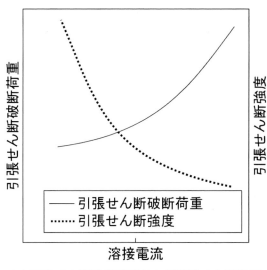

(a) 引張せん断破断荷重および引張せん断強度

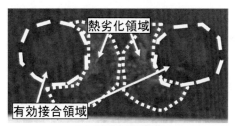

(b) SUS304側破面

(c) CFRP側破面

図6　(a)溶接電流とSUS304/CFRP接合継手の引張せん断破断荷重および引張せん断強度の関係，
　　　(b), (c)引張せん断試験後のSUS304側およびCFRP側の破面[12, 13]

175

異種材料接合技術 ― マルチマテリアルの実用化を目指して ―

継手の引張せん断破断荷重は，検討した範囲内では溶接電流および溶接時間の増加に伴って増加し，いずれの継手でも巨視的には接合界面で破断が生じた。これらの継手の破面に注目すると，CFRP側にはCFRPの溶融部が，SUS304側にはCFRPの破断に起因する付着物が観察された。これらの破面は，破断形態が明確に異なる2つの領域に分類可能であり，これらはSUS304とCFRPが強固に接合されている有効接合領域と，接合時の初期の高温で熱劣化したCFRPが加圧により押し出されて形成された熱劣化領域であると考えられる。これらの溶融部は，溶接電流および溶接時間が増加するに伴って大きくなり，電極（+）と電極（-）で溶融部の大きさに差異は認められなかった。接合した継手の有効接合領域が含まれている電極（+）および電極（-）直下，ならびに電極の中間について，15mm幅の短冊状に試験片を切り出し，引張せん断試験に供した。その結果，電極（+）および（-）の直下から切り出した試験片は強固に接合されており，これらの試験片の引張せん断破断荷重の合計は継手全体の破断荷重と近い値となった。これに対し，有効接合領域の含まれない電極の中間では接合強度が極めて低く，引張せん断試験を実施することが困難であった。これらの結果より，シリーズRSWによる接合は，主として有効接合領域によって生じており，溶接電流および溶接時間を増加させると入熱量が増加することによって，有効接合領域が拡大して継手の引張せん断破断荷重が増加したと考えられる。

また，CFRPを接合した場合と，CF無添加のPA6を接合した場合を比較すると引張せん断破断荷重は，CFRPの継手の方が高かった。これらの継手はいずれも巨視的には界面破断であるが，微視的にはCFRPおよびPA6部で母材破断が生じているために，このような強度の差はCFRPとPA6の母材強度の差に起因すると考えられる。

次に，引張せん断破断荷重を有効接合面積で除して算出した引張せん断強度に注目する。引張せん断強度は，溶接電流および溶接時間の増加に伴って，減少する傾向が認められた。引張せん断試験では，モーメントが生じるため，接合部の端部で応力集中が発生する。このため接合面積が拡大すると，見かけ上の単位面積辺りの引張せん断強度は低下したと考えられる[14]。

シランカップリング処理を施してからシリーズRSWを実施した場合は，引張せん断破断荷重および引張せん断強度は共に著しく増加し，引張せん断強度は最大で約13MPaとなり，CFRP部で母材破断を呈する継手も認められた。

このような金属／CFRPの接合は，SUS304およびSPCCなどの鉄鋼材料，アルミニウム合金，マグネシウム合金などの様々な金属においても可能であった。CFRPのマトリックスとしてPA6以外の樹脂を用いた場合は，前章のFLJの場合と同様に極性官能基がマトリックス樹脂中に含まれる場合は接合が可能であり，極性官能基が含まれない場合には接合が困難であった[13]。このため，シリーズRSWによる融着においても，FLJと同様に水素結合力などによって接合が達成されていると考えられ，FLJで有効であった種々の表面処理はシリーズRSWにも有効であると考えられる[15]。

第 5 章　その他の接合方法

1.5　まとめ

　シリーズ抵抗スポット溶接（シリーズRSW）法を応用して金属と樹脂・CFRPの異材接合を試み，接合特性に及ぼす種々の条件の影響を検討した。溶接電流4から8kA，溶接時間250から600msにおいては，SUS304とCFRPとの直接接合が可能であり，入熱量の増加に伴って，溶融部が拡大し引張せん断破断荷重は増加した。電極直下の接合界面は，通電により急激に加熱されてPA6の融点を上回り，ボイドなどの欠陥の認められない連続的な接合界面が形成され，マトリックス樹脂のPA6とSUS304の酸化皮膜が接合されることで継手が形成された。金属側に表面処理を施すことで，接合強度が著しく増加した。

謝辞

　本研究の一部は，JSPS科研費16K18247の助成を受けたものである。

文　　献

1) S. Katayama *et al.*, *Scripta Materialia*, **59**, 1247-1250（2008）
2) P. Mitschang *et al.*, *Journal of thermoplastic composite materials*, **22**, 767-801（2009）
3) F. Balle *et al.*, *Advanced Engineering Materials*, **11**, 35-39（2009）
4) S. T. Amancio-Filho *et al.*, *Materials Science and Engineering A*, **528**, 3841-3848（2011）
5) 小澤崇将ほか，軽金属，**65**(9)，403-410（2015）
6) F. C. Liu *et al.*, *Materials & Design*, **54**, 236-244（2014）
7) 永塚公彬ほか，溶接学会論文集，**32**，235-241（2014）
8) K. Nagatsuka *et al.*, *Composite Part B*, **73**, 82-88（2015）
9) K. Nagatsuka *et al.*, *ISIJ International*, **56**, 1226-1231（2016）
10) 永塚公彬ほか，溶接学会論文集，**33**，317-325（2015）
11) 奥田滝夫，スポット溶接入門，産報出版㈱（2014）
12) 永塚公彬ほか，溶接学会平成28年度春季全国大会講演概要集，一般社団法人溶接学会，講演番号323（2016）
13) 永塚公彬ほか，溶接学会論文集，掲載予定（2016）
14) 荒井雅嗣ほか，日本機械学会論文集（A編），**64**，618-623（1998）
15) 小川俊夫，接着ハンドブック第4版，㈱日刊工業新聞社（2007）

2 アルミニウムとチタンのアーク溶接

榎本正敏*

2.1 はじめに

異種金属材料の溶接は多くのニーズがありながら,実用化が困難と考えられてきた。特に,設備コストがあまりかからず,企業規模の大小を問わずに適用し得るアーク溶接法ではほとんど不可能と思われてきた。ところが,デジタルパルス付加を含む近年の溶接電源の進歩は目を見張るものがあり,これらの考えは覆されようとしている。なかでも,軽金属であるアルミニウム,マグネシウムやチタンの異種金属同士の溶接は,既に研究段階ではなく工業的適用が考慮されるような段階にきている。本稿では,構造用アルミニウム合金として広く用いられているA6N01合金と純チタンタングステンイナートガスアーク溶接(TIG溶接)について述べる。

2.2 異種金属材料接合の基本的な考え方

異種金属同士を接合する時には,接合前に考慮すべき考え方がある。まず,接合すべき金属材料同士の2元系平衡状態図から,両方の材料の融点を調べる必要がある。融点の差が大きければアーク溶接が可能であり,小さく,また共晶反応が生じるような組み合わせの場合は,アーク溶接が非常に困難となる。アルミニウムとチタンの場合は,図1に見られるごとく,前者の融点は1,670℃であり,後者は660℃故アーク溶接が可能である。

次に考慮すべきことは,アーク溶接が可能であれば,溶接材料の選定である。この時の基準は,低融点側金属の溶接材料を選定してみることである。したがって,アルミニウムとチタンのアーク溶接ではアルミニウム合金に適用される溶接材料を選定すべきである。この時,チタン母材の近傍あるいはチタン母材と溶融金属の界面に生じる金属間化合物は図1の状態図から推定される。

DO_{19}型化合物であるTi_3Alは,強度は高く700℃でも約540MPaの強度を保っているが塑性には乏しく,低温では加工できないと言われている。また,Laves相化合物である$TiAl_2$は非常に脆いが,幸い組成範囲が非常に狭くなっている。$L1_0$型構造を持つTiAlは600℃以下で約540MPaの強度を保ちつつ伸びも他の化合物よりも優れている。DO_{22}型構造の$TiAl_3$はAlリッチ側に形成される[2]。したがって,これらの金属間化合物が生成される組成範囲を検討しておくことは溶接条件や溶接材料の選定の目安となる。

2.3 A6N01と純TiのTIG溶接

2.3.1 供試材および溶接条件

表1にチタンとアルミニウムの物理的性質を示す。比重はTiはAlの1.7倍,融点は2.5倍比熱が0.6倍,熱伝導率が0.08倍である。一方,アルミニウム合金A6N01は製造メーカーによって,JIS

---

* Masatoshi Enomoto ㈱WISE企画 技術部 部長

第 5 章 その他の接合方法

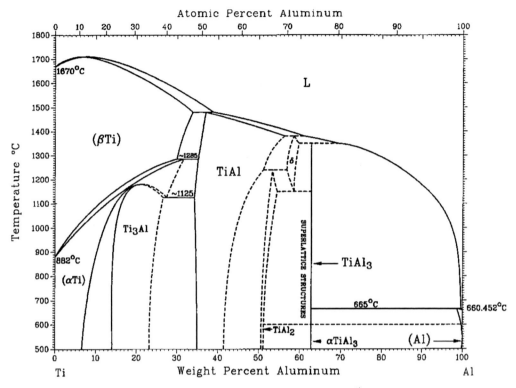

図 1　アルミニウムとチタンの平衡状態図[1]

表 1　アルミニウムとチタンの物理的性質

	AL	Ti
比重	2.7	4.5
融点 ℃	660	1668
比熱　cal/g ℃	0.22	0.13
電気伝導度　m/ohm mm^2	37.5	
熱伝導度　cal/cm sec ℃	0.53	0.04
熱膨張係数　at 20℃	24×10^{-6}	8.4×10^{-6}
弾性率　MPa	70000	120.000
結晶構造	fcc	hcp, bcc
格子常数Å　a	4.04	2.95
c		4.68

規格内であっても強度は大きく異なり, 2 群に分類される。各々引張強さで260MPaと290MPa, 0.2%耐力で230MPaと270MPaである。この理由としては化学成分（主としてMgとSi量）の相違や熱処理条件の相違が考えられる。溶接には引張強さ290MPa, 耐力270MPaのA6N01-T5材を用

表2 供試材の科学成分（単位：wt%）

TP340	C	H	O	N	Fe	Ti
JISH4600	0.08	0.013	0.15	0.03	0.2	Bal.
供試材	0	0.001	0.04	0	0.02	Bal.
A6N01	Si	Cu	Mn	Mg	Fe	Al
JISH4100	0.4〜0.9	0.35以下	0.50以下	0.4〜0.8	0.35以下	Bal.
供試材	0.64	0.23	0.01	0.5	0.24	Bal.

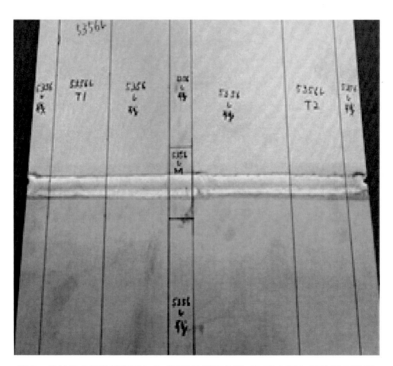

図2 溶接後の試験材表面および試験片採取位置（A5356溶加棒使用の場合）

いた。

　溶接に用いた供試材の科学成分を表2に示す。また，供試材の寸法はいずれも板厚2mm，幅150mm，長さ300mmであり，これらの板を突合せて，300mmの長さを溶接した。

　溶接には直径3.2mmのA5356およびA4043溶加棒を用い，溶接電流80A，アーク電圧11V，溶接速度12cm/min.で溶接を行った。

2.3.2 溶接結果

　溶接後の試験材の外観の一例を図2に示す。A5356およびA4043のいずれの溶加棒を用いても，溶接後の試験材表面および裏面において欠陥は認められず，ビードの外観も美麗な状態を示して

第5章 その他の接合方法

表3 溶接後の引張試験結果

溶加材&開先形状	引張強さ（MPa）	破断位置
5356 レ型	197	
	191	
5356 I型	200	
	190	AL合金の熱影響部
4043 レ型	192	
	188	
4043 I型	196	
	192	

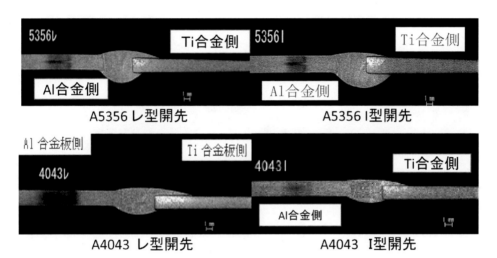

図3 溶接部の横断面観察結果

いた。また，図2には引張試験片およびマクロ断面観察用試験片の採取位置が示されている。

引張試験の結果を表3に示す。引張試験は余盛付きで行った。いずれの条件においても，試験片の破断位置はA6N01の母材熱影響部であり，A6N01-O材の引張強さを表している。

図3に溶接部の横断面観察結果を示す。

図3に示されるごとくTi側の開先を溶かすことなく溶接すれば，健全な突合せ継手が得られる。また，Ti母材と溶接金属の界面に形成される金属間化合物相の厚さはおよそ1μm以下であった。

2.4 おわりに

Tiとアルミニウム合金のアーク溶接は，最近の溶接電源を用いれば，突合せ溶接は比較的容易

に溶接できることが確認された。したがって，この組み合わせにおける溶接のニーズが高まることが期待される。

文　　献

1) J. L. Murray, Ti-Al Phase Diagram, Binary Alloy Phase Diagram, p.226（1990）
2) 山口正治, 馬越佑吉著, 金属間化合物, 日刊工業新聞社（1984）

3 レーザろう付による金属とセラミックス・ダイヤモンドの接合

瀬知啓久[*1]，永塚公彬[*2]，中田一博[*3]

3.1 はじめに

3.1.1 レーザろう付（レーザブレージング）とは

ろう付（ブレージング）法は，接合する部材（母材）よりも融点の低い合金（ろう材）を溶かして接合材として用いることにより，母材を溶融することなく，複数の部材を接合させる方法である。この技術は，他の方法では接合困難な材料や形状に適し，機械的締結よりも高精度な接合が可能である。

なかでもレーザブレージングは，ろう材を溶融させる加熱源として，レーザビームを用いて接合する技術である。具体例としては，欧州車におけるルーフ部分やトランクリッド部の接合が挙げられる[1]。変形を抑制しつつ局所的な短時間加熱[2~4]を実現でき，長時間の加熱によって劣化する母材に対するろう付適用が可能となる特徴を持つ。

3.1.2 セラミックスと金属の異材接合

セラミックスは，一般的に高融点で硬く脆い難加工性材料であり，その特性を活かし，様々な分野に用いられている[5]。従来から多用されてきた工具や電子部品に加え，近年では，パワー半導体用材料としてのSiCの利用も進んでいる[6]。さらに，ダイヤモンドを半導体デバイスとして用いる研究も盛んに進められている[7]。

このように，構造用材料に限らず電子デバイスとしても魅力的な性質を示すセラミックスを，機械的性質や靭性，加工性に優れた金属材料と接合・一体化することで，その特徴を活かしつつ，高機能部材の作製が可能となる[8,9]。一方，セラミックスと金属は性質が大きく異なるため，その接合は大変困難である。例えば，その融点の高さから溶接の適用は困難であり，機械的締結も広範囲への適用は実現できていない。焼き嵌めや鋳ぐるみなどの手法もあるものの，適用形状には制限が生じる。

このようなセラミックスと金属の接合方法としては，一般にろう付が多用されている。ろう付を用いてセラミックスと金属を接合するには，金属とのぬれ性の悪いセラミックス表面を改質する必要がある[10,11]。そこで，セラミックス表面をメタライズにより予め改質した後，金属ろう材を使用する場合が多い。ところが，この方法では工程が複雑となり，製造コスト増加が問題となっている。

一方，Tiなどの活性金属を添加したろう材（活性金属ろう材）を用いると，ろう付と表面改質を同時に行うことができ，メタライズ工程の省略が可能となる[12]。しかし，活性金属の酸化抑制には10^{-3}Pa程度の高真空炉や還元雰囲気炉中での加熱が必要となる。特に酸化に弱いダイヤモン

[*1] Yoshihisa Sechi　鹿児島県工業技術センター　生産技術部　主任研究員
[*2] Kimiaki Nagatsuka　大阪大学　接合科学研究所　特任助教
[*3] Kazuhiro Nakata　大阪大学名誉教授；大阪大学　接合科学研究所　特任教授

ドなどの場合，長時間加熱による材質の劣化（黒鉛化）が懸念される。また，厚膜の界面反応層が形成されることによる残留応力およびこれらに起因する割れの発生などの問題が顕著となる。そのため，短時間で加熱可能なレーザブレージングの適用が期待されている。

近年，高純度のc-BNや単結晶ダイヤモンドなどを工具に用いることで，高精度切削を実用化する動きが活発である。これらの材料は非常に高価であるため，実用化には多品種少量生産に適したプロセスの確立が必要とされる。

3.1.3　セラミックスと金属の異材接合へのレーザブレージングの応用

セラミックス／金属の異材レーザブレージングでは，前述のように大気中の酸素を遮断する必要がある。多くの場合は，チャンバー内に試料および固定治具をセットしており，試料の位置決めやチャンバーの構造が複雑になっていた[13]。この問題を解決するために，金属基板の裏側からレーザを照射するなどの手法も検討されている[14]。この場合，レーザ加熱面と実際にろう付を行う接合面との基板厚さに起因する温度勾配を勘案し，より高出力のレーザ照射が必要となっている。

筆者らは，レーザ光の透過窓と試料固定治具を兼用することにより，ろう付面側の金属基板表面にレーザ光を加熱しつつ，コンパクトで試料の状況が容易に確認可能な構造を有するレーザブレージング装置ならびにプロセスの研究開発を行っている[15~17]。同技術をベースに，実用化に向けた取り組みも既に始まっている。

本稿では，炭化ケイ素[18]（SiC），サイアロン[19]や単結晶ダイヤモンド[20]を対象とし，超硬合金を相手材とした接合事例について紹介する。

3.2　接合方法と装置の特徴
3.2.1　接合方法

図1に，レーザブレージング装置の模式図を示す[21]。また，供試材料の特性を表1に示す[21]。なお，ろう材にはAg-Cuの組成比が共晶組成で，活性材として代表的なTiを含有する板状Ag-Cu-Ti活性金属ろう材（溶製材）を用いている。

超硬合金とセラミックスの間にろう材を挟み込み，直径100mmφの真空チャンバー中の試料台にセットする。試料上面は試料固定機能も兼ねる透明石英ガラス板で覆われている。ろう材中のTiの酸化を防ぐため，チャンバー内を真空排気後Arガス置換した後，ろう付を行う。今回紹介する事例では，試料形状に最適な条件としてセラミックスの周囲の超硬合金に対して一周するようにレーザ照射を行っている。形状次第では，角部のみへの部分的な加熱も可能であり，また，光源の出力によっては，ファイバーレーザ単独や半導体レーザ単独の光源を用いた加熱も可能である。本事例における詳細条件を表2に示す[21]。

3.2.2　装置の特徴

従来法と本技術を比較した場合の長所を，以下に記す。
① 高真空排気（油拡散ポンプやターボ分子ポンプなど）が不要＝装置コストの低減

第5章　その他の接合方法

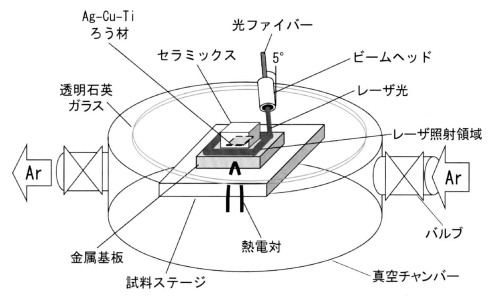

図1　レーザブレージング装置の模式図[21]

表1　供試材料の特性[21]

材料	組成 (mass %)	室温での曲げ強度 (MPa)	密度 ($\times 10^3 kg/m^3$)	相対密度 (%)	試料寸法 (mm)
超硬合金	WC：94，Co：6	32000	14.9	—	10*10*2
h-BN	h-BN＞99.993	32.5	1.93	82.5	5*5*3.5
Sialon	Si_3N_4＞90	980	3.23	＞99.9	5*5*3.5
SiC	SiC＞99	100	2.65	83.0	5*5*3.5
単結晶ダイヤモンド	C＞99.99	—	3.52	—	4*4*2

② 部分ろう付可能＝消費電力／環境負荷の低減，環境に優しいプロセス
③ 短時間で接合完了＝タクトタイム短縮
④ コンパクトで水冷設備が不要＝装置コストの低減
⑤ 自動化が容易＝インライン化が可能
⑥ 界面反応層の厚膜化を抑制＝強度低下の回避
⑦ セラミックス素材の材質劣化抑制＝母材の特性維持
⑧ 接合部分の確認が容易＝接合状況の可視化が可能

　このように，短時間で必要な部分のみ局所加熱を行うことで，水冷を行わない小型チャンバーであっても，問題なくセラミックス／金属の異材接合を実現できる[17]。これは，入熱が効率よく試料加熱に用いられるためである。

異種材料接合技術 ― マルチマテリアルの実用化を目指して ―

表2 レーザブレージング条件[21]

Pulsed YAG平均出力（kW）		0.134
Pulsed YAGレーザ波長（nm）		1064
CW LDレーザ出力（kW）		0.02
CW LDレーザ波長（nm）		808
周波数（Hz）		100
走査速度（mm/s）	(1st run)	0.6
	(2nd run)	1.0
	(3rd run)	1.0
	(4th run)	1.0

　通常の真空炉や還元雰囲気炉を用いた炉中ろう付の場合，試料を加熱する際に副次的に炉体も加熱されるため，一般に炉壁の水冷が必要になる。このため，炉のメンテナンスや取り扱いが煩雑となる。一方，レーザブレージングの場合，高エネルギーのレーザにより試料のみが加熱される上，固定治具として用いている石英の断熱性が良好なため，チャンバー本体の温度はほとんど上昇しない。そのため，本体の水冷が不要となり，シンプルな装置構成が実現可能となっている。

　図2に超硬合金基板裏面の代表的な温度プロファイルを示す。加熱開始時から終了時まで温度はほぼ一定に上昇した後，急速に冷却され，加熱終了後100秒で400K以下となる。このように，数時間を要する炉中ろう付と比べ，数十秒程度の短時間での接合を実現している。なお，超硬合金基板裏面は試料台に密着しており，基板の熱が放熱されることから，超硬合金基板裏面とろう材近傍の超硬合金表面の間には，150K程度の温度差が生じている。

　また，今回用いた条件以外でも，試料サイズや目標温度などに合わせ，照射条件や走査条件の変更による10秒程度での加熱や，Ar流量の増減による冷却速度制御も可能となる。

　なお，ろう材領域の面内温度分布に関しては，加熱終了時でも最大40K程度の温度差が存在するのみであり[22]，ろう材全体が融点を超える条件であることが，熱伝導解析結果から明らかとなっている。

3.3　代表的な接合事例

3.3.1　SiC, サイアロンならびに単結晶ダイヤモンドと超硬合金への適用事例

　図3に，それぞれSiC，サイアロンとろう材接合界面の透過電子顕微鏡観察結果を示す[21]。SiCの場合にはTiC，Ti_5Si_3の界面反応層が生成し，サイアロンの場合にはTiN，Ti_5Si_3の界面反応層が生成している。さらに，そのろう材側に生成したCuとTiの反応生成相（Cu_3Ti）との複層構造を形成している。

　図4に単結晶ダイヤモンドとろう材接合界面のEPMA面分析および線分析結果を示す[21]。Tiは

第 5 章　その他の接合方法

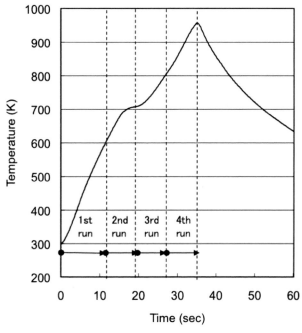

図2　レーザブレージング中の超硬合金裏面の温度プロファイル[21]

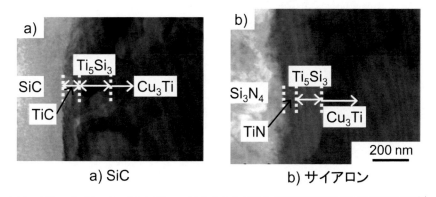

図3　SiC, サイアロン／Ti 1.68mass%含有ろう材接合界面の透過電子顕微鏡観察結果[21]

接合界面にのみ濃化した領域が2〜3μm程度の厚さで観察され，接合界面に沿って，サブミクロンオーダーのTiとCの分布が重なった部分が存在している。この領域はTiCであると推察される[20,23]。さらにそのろう材側に，CuとTiが重なった領域が2〜3μmの厚さで存在している。この領域はSiC, サイアロンの場合と同様にCu_3Tiが生成しているものと推察される[20,23]。

このように界面反応層の生成状況や厚さは，構成元素とTiの反応性の違いによって異なってくる。

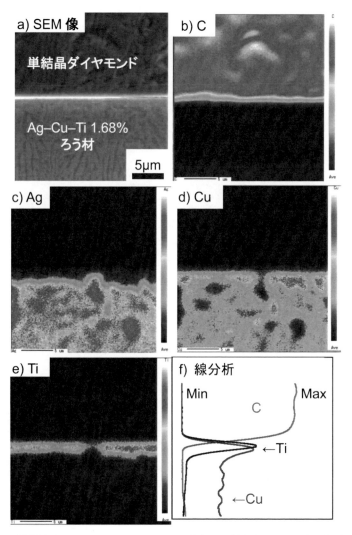

図4　単結晶ダイヤモンド／Ti 1.68mass%含有ろう材接合界面の元素分析結果[21]

3.3.2　界面反応層の生成状況とせん断強度

　図5に，せん断強度とろう材中のTi添加率の相関を示す[21]。相対密度が低く，強度も低いh-BN[17,24]の場合，Ti添加率1.68mass%のろう材を用いた試料のせん断試験による破壊は接合界面近傍のh-BN側で発生し，平均せん断強度としては6.5MPaが得られている。これは，h-BNよりも界面反応層の方が高い強度を示すことが原因である。黒鉛の場合も同様の傾向を示す[23]。したがって，ろう材中のTi添加率の増加に伴って界面反応層の生成面積増大に伴いせん断強度[25]が増加し，界面反応層の連続的生成によりせん断強度が飽和する。

　一方，SiCやサイアロン，単結晶ダイヤモンドのように，セラミックス母材自体の強度が高く，

第5章　その他の接合方法

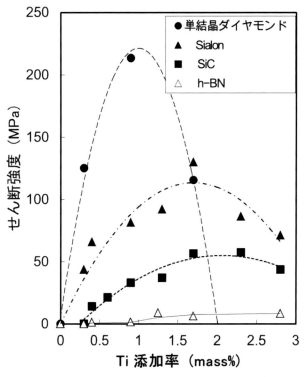

図5　ろう材中のTi添加率とせん断強度の相関[21]

　ろう材中のTi添加率が少ない場合には，Ti添加率の増加にしたがって界面反応層の形成面積が増大し，連続的に形成するようになるため，母材破断となり強度が増加するものと考えられる。サイアロンは0.28mass%以上，SiCは0.41mass%以上のTi添加率のろう材を用いることで，レーザブレージングによる接合が可能となる。サイアロンの例では，ろう材中のTi添加率1.68mass%にて120MPa以上のせん断強度が得られている。一方，ろう材中のTi添加率が十分に多い場合，界面反応層として形成されたTiC，TiN，Ti_5Si_3などの脆い化合物層の微小な割れやボイドなどの欠陥発生割合増加，熱膨張係数差に起因する残留応力増加などが原因[18,19]となり，強度は低下傾向を示している。

　また，使用するセラミックスによって，せん断強度の最大値を得られるろう材中のTi添加率が異なる。これは，前述の界面反応層の形成状況の違いに起因すると考えられる。具体的には，SiCやサイアロンでは，せん断強度の最大値がろう材中のTi添加率1.68mass%にて得られている一方，単結晶ダイヤモンドでは，より少ないTi添加率である0.85mass%にてせん断強度200MPa以上[26]が得られている。したがって，使用するセラミックスに対し最適なTi添加率のろう材を選択することが重要となる。

3.4 まとめ

小型部品の多品種少量生産に対応した水冷不要かつ高真空排気不要な小型チャンバーによるセラミックス／金属の異材レーザブレージングプロセスを確立し，各種材料への適用を図った．紙面の都合で割愛したものの，この手法は黒鉛[23]やバインダレスc-BN[27]を用いた接合にも適用可能である．詳細については，文献を参照されたい．

実用に際しては，接合界面の構造や熱膨張係数などの要因を踏まえたFEM解析などを行うとともに接合部材に最適なTi添加率のろう材を選択することにより，良好な継手が形成できる．また，将来的にはさらに短い数秒程度での加熱・接合の実現が期待される．これらは，近年のレーザ光源の高出力化や価格低減傾向から，容易に実現可能であろう．

本技術が，構造材料やパワーエレクトロニクスなど幅広い分野における，セラミックスと金属を使用したマルチマテリアル実用化の一助となれば幸いである．

文　　献

1) 荒賀靖，溶接技術，**63**(2)，85-89（2015）
2) C. E. Witherell and T. J. Ramos, *Weld. J.*, **59**(10), 267. S-277. S（1980）
3) J. Felba, K. P. Friedel, P. Krull, I. L. Pobol and H. Wohlfahrt, *Vacuum*, **62**, 171-180（2001）
4) K. Saida, W. Song and K. Nishimoto, *Mater. Sci. Forum.*, **539/543**, 4053-4058（2007）
5) 佐久間健人，セラミックス材料学，海文堂（1990）
6) 矢野経済研究所編，パワー半導体の世界市場に関する調査結果2014，矢野経済研究所（2014）
7) H. Yamada, *J. Plasma Fusion Res.*, **90**(2), 152-158（2014）
8) 岩本信也，宗宮重行編，金属とセラミックスの接合，内田老鶴圃（1990）
9) 柴柳敏哉，溶接学会誌，**79**(7), 27-33（2010）
10) Y. Nakao, K. Nishimoto and K. Saida, *ISIJ Int.*, **30**(12), 1142-1150（1990）
11) J. Watanabe, N. Ohtake and M. Yoshikawa, *J. Jpn. Soc. Precis. Eng.*, **58**(5), 797-802（1992）
12) H. Mizuhara and E. Huebel, *Weld. J.*, **65**(10), 43-51（1986）
13) R. J. Churchill, U. Varshney, H. P. Groger and J. M. Glass, US Patent 5407119A（1995）
14) I. Südmeyer, T. Hettesheimer, M. Rohde, *Ceram. Int.*, **36**, 1083-1090（2010）
15) Y. Sechi, A. Takezaki, T. Tsumura and K. Nakata, *Smart Process Tech.*, **2**, 27-30（2008）
16) Y. Sechi, A. Takezaki, T. Matsumoto, T. Tsumura and K. Nakata, *Mater. Trans.*, **50**, 1294-1299（2009）
17) Y. Sechi, T. Tsumura and K. Nakata, *Mater. Design*, **31**, 2071-2077（2010）
18) K. Nagatsuka, Y. Sechi and K. Nakata, *J. Phys., Conf. Series.*, **379**, 12047（2012）
19) K. Nagatsuka, S. Yoshida, Y. Sechi and K. Nakata, *Sci. Tech. Weld. Join.*, **19**(6), 521-526（2014）
20) Y. Sechi and K. Nakata, *Trans. JWRI*, **39**(2), 340-342（2010）

第5章　その他の接合方法

21) 瀬知啓久, 永塚公彬, 中田一博, 溶接学会誌, **85**, 287-291（2016）
22) K. Nagatsuka, Y. Sechi, N. Ma and K. Nakata, *Sci. Tech. Weld. Join.*, **19**(8), 682-688(2014)
23) K. Nagatsuka, Y. Sechi, Y. Miyamoto and K. Nakata, *Mater. Sci. Eng. B.*, **177**(7), 520-523（2012）
24) 日本セラミックス協会編集委員会講座小委員会編, セラミックスの機械的性質, 日本セラミックス協会（1979）
25) 瀬知啓久, 中田一博, 溶接技術, **59**(9), 58-65（2011）
26) 瀬知啓久, 中田一博, 溶接技術, **63**(6), 51-56（2015）
27) Y. Sechi, K. Nagatsuka and K. Nakata, *IOP Conf. Series, Mater. Sci. Eng.*, **61**, 012019（2014）

〔第3編　評価〕

第1章　異種材料接合の国際標準化

堀内　伸*

1　背景

　自動車・航空機分野では，環境負荷への配慮から燃費向上，CO_2削減の要求が厳しくなっており，軽量化への取り組みが加速されている。欧米では，樹脂材料やCFRPを含めた異種材料を適材適所に配置するマルチマテリアル構造による自動車の開発が進められている。マルチマテリアル構造を実現するためには，単一素材の高強度化だけでは十分ではなく，異種材料の接合技術が鍵となる。

　このような背景の下，国内メーカーを中心に，樹脂と金属の複合化のための革新的な接合技術が開発され，極めて高い接合強度が得られるようになっている。大成プラス㈱が開発したナノモールディングテクノロジー（NMT）は，その一例であり，図1に示すように，薬液処理により表面に超微細凹凸を形成した金属部材を金型にインサートし，射出成型によりポリフェニレンサルファイド（PPS），ポリアミド（PA），ポリプロピレン（PP）などのエンジニアリングプラ

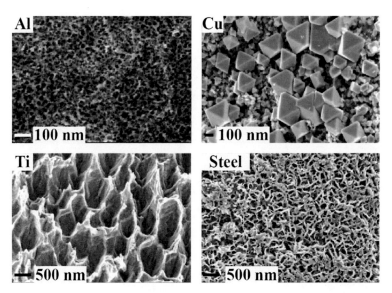

図1　大成プラスが開発した金属表面処理法により形成された各種金属表面のSEM像

＊　Shin Horiuchi　　㈲産業技術総合研究所　ナノ材料研究部門
　　　　　　　　　　接着・界面現象研究ラボ　上級主任研究員

異種材料接合技術 ―マルチマテリアルの実用化を目指して―

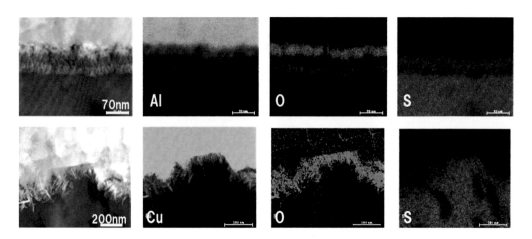

図2　NMTによる接合界面断面のSTEM像とEDX元素分布像
上部はPPS/Al，下部はPPS/Cu接合界面。STEM像は暗視野像であるため，明るい層が金属に対応する。

スチックスを接着剤の介在なしに強固に金属と接合，一体化することができる[1]。このような接合技術は，金属表面処理技術と成形技術の組み合わせから成り立っており，薬液を用いた湿式工程による金属表面処理とレーザーによる乾式金属表面処理法に大別される。表面凹凸のサイズ，形状，化学状態，さらには，適用可能金属種などで様々な表面処理技術が開発されつつある[2]。

このような新しい接合技術の発展により，きわめて高い接合強度のため，既存の評価規格では定量評価が困難になり，新たな接合特性や耐久性の評価方法の確立が必要になった。ユーザーにとっては，接着剤接合を含めた競合接合技術を同じ評価基準で定量的評価や比較検討を行うことが重要であり，この技術の産業分野への普及と国際競争力を高めるために新たな評価方法の国際標準化が必要となった。

図2にインサート射出成形により接合したPPSとAlおよびPPSとCuの接合界面の断面を走査透過型電子顕微鏡（STEM）により解析した事例を示す[3]。STEMでは，1nm以下に収束させた電子プローブを薄膜試料表面で走査し，透過像と同時に照射領域から発生した特性X線を検出することにより，EDX元素マップ像を得ることができる。硫黄の元素分布像はPPS層に対応しており，一方，酸素のO元素分布像により明らかなAl表面の酸化層により形成された超微細凹凸にPPS分子鎖が隙間無く進入していることが確認できる。Cuとの接合界面についても，同様の傾向が見られる。サンドブラストなどの機械的な粗化に比べると桁違いに小さい分子鎖サイズに匹敵する空間が金属表面に形成され，射出成形プロセスの短時間で高分子鎖が十分な深さまで侵入することは，金属酸化膜表面と高分子との強い相互作用が必要であると考えられる。

2　樹脂-金属接合界面特性評価方法の開発

このような革新的な異種材料接合技術は，特に日本で活発に研究開発されている。欧米ではリ

第1章　異種材料接合の国際標準化

ン酸陽極酸化法(PAA)によるアルミニウムの表面処理によりポーラスな構造を接合に利用する接合技術が知られているが，他には，特筆すべき技術は見られないようである。そこで，他国に先駆けて日本発の技術である「樹脂-金属　異種材料複合体」の特性評価試験方法の国際標準化を目指すこととなった。これまで，新しい国際規格を発行するには，国内業界団体などの合意形成には2～3年かかり，他国に遅れることが多かった。2012年7月に接合技術開発メーカーの1つである大成プラス㈱が東ソー㈱，東レ㈱，三井化学㈱と共同で経済産業省のトップスタンダード制度に申請し，同制度導入後初めての採用事例となった。トップスタンダード制度（現在の新市場創造型標準化制度）とは，中堅・中小企業などが開発した優れた技術や製品を国内外に売り込む際の市場での信頼性向上や差別化など有力な手段となる，性能の評価方法などの標準化を支援する制度である[4]。企業1社では業界内の調整が困難，中堅・中小企業では標準化原案の作成が困難，複数の産業界にまたがるなどの場合に，本制度を活用することで迅速な標準化提案が可能になる。企業グループや中小・ベンチャー企業から国際標準化したい案件を日本工業標準調査会が受け付け，従来の業界団体を通じたコンセンサス形成を経ずに，政策判断で迅速にISOやIECへの国際標準提案に着手する制度である。

　産業技術総合研究所（産総研）と日本プラスチック工業連盟は，経済産業省からの委託を受け，2012年10月より迅速な国際標準化を目指した活動を開始した。産総研は統括機関として全体の運営管理を行うとともに，「樹脂－金属異種材料複合体の特性評価試験方法」の研究開発を担当した。日本プラスチック工業連盟は，産総研が提案した特性評価試験方法に基づいた国際標準化を実現するため，規格開発委員会，分科会，国内審議委員会を運営し，ISO/TC61/SC11（プラスチック／製品）への提案と審議対応を担当した。上記トップスタンダード制度申請企業は，日本プラスチック工業連盟下に設置された委員会，分科会メンバーとして規格原案の作成に関わった。

2.1　引張り接合特性（突合わせ試験片）

　せん断接着強度を測定する評価規格ISO4586はあるが，図3(a)に示すように接合面積が大きく，従来規格による試験では接合部より弱い樹脂部分が先に破断してしまい，接合界面特性の定量化が困難であった。そこで，試験片形状の最適化や補助治具の使用により，樹脂部分の破壊を抑え，接合界面の特性を定量化するための試験方法の開発を進めた。以下にNMTにより作製したPPS/Al接合試験片による接合特性試験方法について紹介する。図3(b)に示すような，幅10mm，長さ100mm，厚み1～5mmのPPS/Al突合わせ試験片により，引張り速度10mm/minにて引張り破断強度を測定し，試験片厚みの影響を検討したところ，図3(c)に示すように，試験片厚みの影響は小さく，破断は樹脂／金属界面近傍で起こり，40～50MPaの破断強度が得られた。想定されるアプリケーションでの金属部材の厚みは1～2mmであり，治具への装着など扱いやすさを考慮すると，2mm厚を試験片形状とすることが妥当であると判断した。

　図4は金属側の破断面を垂直方向に切断した超薄切片のSTEM像である。金属面に残ったPPS

異種材料接合技術 —マルチマテリアルの実用化を目指して—

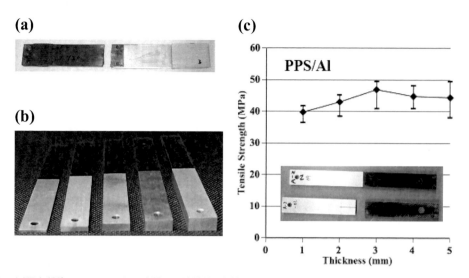

図3 (a)既存規格ISO4586により破断した試験片，(b)幅10mm，厚み1〜5mmのPPS/Al突合わせ接合試験片，および(c)引張り破断強度の厚み依存性
各試験片について，5本の測定を行い，平均値，最大値，最小値をプロットした。破断前後の試験片を図中に示した。

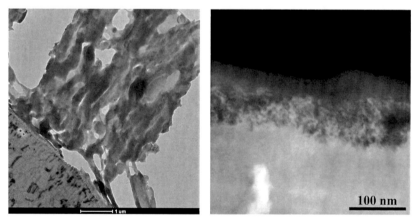

図4 STEMによるPPS/Al突き合わせ試験片のAl破断面の断面構造
右図は左図の界面近傍の拡大図であり，暗視野像で示しており，コントラストは反転している。

は応力方向に大きく変形していることが確認できる。さらに，金属／樹脂界面最近傍で破断した箇所を拡大観察すると，金属表面の微細凹凸に入り込んだPPSが再度引き抜かれた箇所は確認されず，金属／樹脂界面近傍で破壊が起こっており，界面近傍に樹脂バルク材よりも弱い層が存在していることが示唆される。また，破断前の接合状態（図2）と比較すると，破断後に金属表面の凹凸部分が変形していることがわかる。本試験で使用したPPS射出成形試験片の引張り強度は

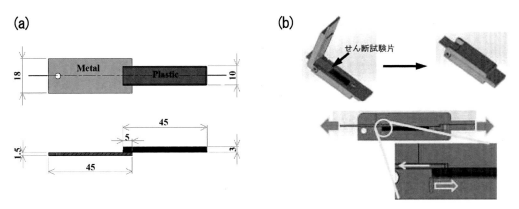

図5　(a)せん断接合強度評価用試験片形状と(b)補助治具

約120MPaであり，得られた接合強度よりはるかに高い。したがって，突合わせ試験片の破断により得られた強度は，界面近傍の金属表面処理層を含めた脆弱層の特性に由来する接合強度であるといえる。

2.2　せん断接合特性

図5(a)に示すように，幅10mmの樹脂成形部材を幅18mmの金属板に重合わせ，接合し，せん断接合強度を評価した。樹脂成形部の厚みを3mmとし，接合部の深さを5mmとした。樹脂母材の破壊を防止し，接合面のせん断接合強度の測定が可能となるよう，図5(b)に示すような補助治具を考案した。試験片の樹脂部を補助治具の中に納め，金属部と補助治具を引張り試験機のチャックで固定し，引張る。一般的なせん断接合強度の測定では，引張り方向以外にねじりや剥離の応力が試験片に加わることが避けられないが，このような補助治具を用いることにより，引張り応力のモーメントを接合部に平行に作用し，樹脂材の破断を防ぐことが可能となり，接合面で破断が起こる。せん断強度は約40MPaであり，突合わせ試験片による引張り破断強度（図3(c)）に比べ，測定値のばらつきが小さかった。しかしながら，突合せ試験片とは異なり，せん断接合強度は接合面積の影響を大きく受ける。図6は接合面積に対するせん断接合強度のプロットと破断部の写真であり，接合面積が増えると強度が低くなることがわかる。接合面積が増えると破断面に残存する樹脂が多くなることから，引張り応力がせん断方向に作用しにくくなり，剥離方向のモーメントが発生し，せん断接合強度を反映しなくなると考えられる。よって，接合面は，樹脂材の幅10mmに対し，接合部の深さを5mmとし，接合面積を50mm^{2}とすることとした。金属破断面には樹脂が部分的に残存しているが，接合面で破壊が起こり，測定値は接合界面の強度特性として妥当であると考えられる。

異種材料接合技術 ―マルチマテリアルの実用化を目指して―

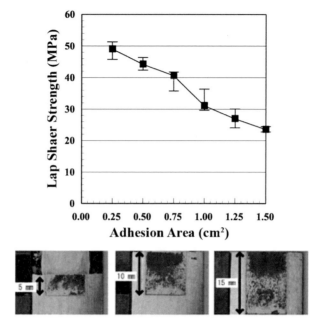

図6　せん断接合強度の接合面積依存性と破断後の金属面の写真
各試験片について，5本の測定を行い，平均値，最大値，最小値をプロットした。

2.3 剥離強度特性

　剥離強度特性は，図7(a)に示すような25mm幅の樹脂成形材をベースとし，0.5mm厚の金属ホイルを貼り合わせた試験片を用いて，ISO4578に準じた浮動ローラー法により50mm/minの引張り速度で検討した。浮動ローラー法では，図7(b)に示すような治具に試験片を装着し，上下方向に引張ることにより，樹脂基材に対して90°方向に一定速度で金属箔を剥がした際の抵抗力を測定する。浮動ローラー法は他の剥離試験方法よりも安定した数値が得られることが多い。図7(c)は剥離距離に対する抵抗力のプロットであり，初期剥離（20mm以下）を除くと，PPS/Alは約200N/(25mm)，PPS/Cuは約150N/(25mm)の安定した剥離抵抗力で剥離が進行していることがわかる。

2.4 樹脂-金属接合界面の封止特性評価

　金属／樹脂接合部の封止特性評価には接合強度とは異なる試験方法が必要になる。封止特性評価のために，ヘリウムガスを用いた漏れ量（リークレート）の検出を検討した。ヘリウムは最も小さい分子であるため微妙な漏れの検出が可能であり，さらに，空気中に含まれる量が他のガスに比べて極めて少なく，危険性が少ない。ヘリウムリーク試験方法はJIS Z2331で規格化されている。図8に示すような，金属板に開けた20φの穴を樹脂で埋めた形状の試験片を封止特性評価用試験片として，JIS規格に提示されている7種類の試験方法のうち，真空フード法と真空容器

第1章 異種材料接合の国際標準化

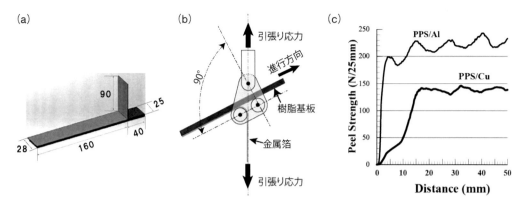

図7 (a)剥離強度測定用樹脂／金属接合試験片形状，(b)浮動ローラー法による測定方法，
(c)浮動ローラー法による樹脂／金属接合剥離強度測定

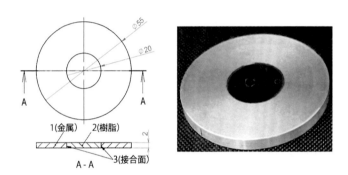

図8 封止特性評価用樹脂／金属接合試験片形状

法により封止特性の評価を検討した。

①真空フード法：封止試験片を真空装置に取り付け，内部を真空排気し，接合部にヘリウムガスを吹き付ける。差圧によりリークがあれば装置内部にガスが導入され，四重極質量分析計（Q-mas）で検出される。図9左に示すように，試験片の接続部分周囲を透明フィルムで覆い，その中に注射器により一定量のヘリウムガスを充満させる。

②加圧容器法：試験片で蓋をした加圧容器（図9右）にヘリウムガスを充填し，5気圧に加圧する。この加圧容器を真空装置に接続したチャンバーに入れ，容器全体を真空下に置く。加圧容器からのリークがあれば，真空チャンバー内にヘリウムガスが漏れて質量分析計で検出される。リークレートは同一装置に取り付けた校正リーク（5.1×10^{-9}および4.9×10^{-11} Pa·m^3/s）を用いて得られたヘリウム分圧変化から換算する。

図10はPPS/Alの同一試験片の初期，および高温高湿環境下（温度85℃，相対湿度85％）500および1,000時間暴露後でのリーク特性を示したものである。横軸は加圧容器にヘリウムを充填してからの経過時間である。500時間後までは初期特性をほぼ維持しているが，1,000時間後には

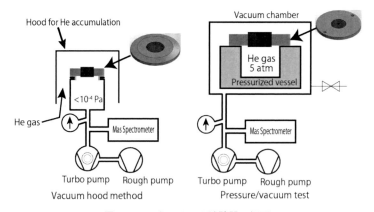

図9　ヘリウムリーク試験器の概要
左：真空フード法，右：加圧容器法

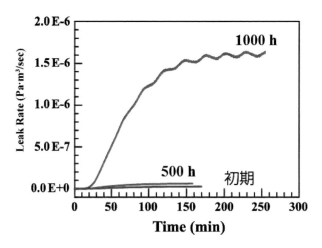

図10　高温高湿試験（85℃，85%）によるPPS/Al接合体の封止特性変化

10^{-6}Pa·m^3/s台に低下し，封止特性の劣化が評価できる。

2.5　冷熱衝撃試験，高温高湿試験

樹脂-金属接合強度の耐久性の評価項目として，冷熱衝撃試験，高温高湿試験，塩水噴霧試験および疲労特性を検討した。-40℃⇔85℃および-40℃⇔120℃の2種類の温度条件での冷熱衝撃試験を1,500サイクルまで，および85℃，85%での高温高湿試験を3,000時間まで実施した。冷熱衝撃試験は各温度での保持時間を30分とした。図11に突合わせ引張り接合強度の耐高温高湿性および耐冷熱衝撃性をまとめた。85℃，85%の高温高温試験では，PPS/Alでは3,000時間後においても接合強度の大きな低下は起こらず，一方，PPS/SPCC（冷間圧延鋼板）では，約30MPaまで低下する。冷熱衝撃試験では，-40℃⇔85℃の条件では1,500サイクル後においてもPPS/Alの

第1章　異種材料接合の国際標準化

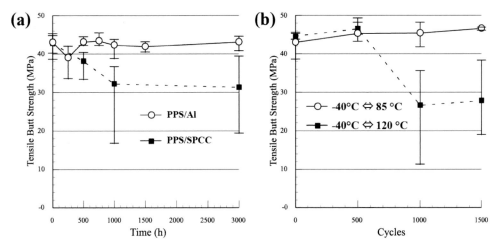

図11　(a)高温高湿試験および(b)冷熱衝撃試験による接合強度変化
接合強度は各試験について5本測定した平均値であり，最大，最小値を示した。

初期接合強度を維持するが，−40℃⇔120℃では1,000サイクル後に低下が見られる。このように，金属の種類や環境条件による耐久性の違いが評価可能になる。

2.6　疲労試験

2mm厚突合わせ試験片により，PPS/Al，PA/Al，PP/Alの樹脂／金属の組み合わせ，および各種金属（SPCC，SUS304，Cu）とPPSの組み合わせについて，引張り疲労特性を30Hzの周波数で実施した。振幅と平均応力が一定の周期的な引張り応力を試験片に加え，破断に至った回数を測定する。図12は各接合試験片のS-N（応力振幅−繰返し回数）曲線を示す。繰り返し回数が多くなるほど，より小さな応力で疲労破壊を起こす。応力疲労寿命を1×10^7回の応力サイクル後に破断する応力振幅と定義し，約1×10^6回までの試験結果から，1×10^7回での破断応力を予測した。1×10^6回までの結果を外挿すると，1×10^7回での破断応力が予測される。広範な金属／樹脂の組合せにおいて，良好なS-Nプロットを得ることができ，この評価試験方法により疲労特性と寿命の予測が可能であることが実証された。

3　国際標準化活動

国際規格発行までの手順は，表1に示すようにNWIPから始まり，いくつかの作業段階を経て完成する。各段階において，ワーキンググループ（WG）への積極参加を表明した国（Pメンバー）から派遣された専門委員（エキスパート）が意見を調整しながら規格を作り上げていく。

今回の国際標準化活動では，ISO/TC61/SC11（プラスチック／製品）に「樹脂−金属　異種材料複合体の特性評価試験方法」の規格4件を，2013年4月に新規提案し，WG5（Polymeric

異種材料接合技術　—マルチマテリアルの実用化を目指して—

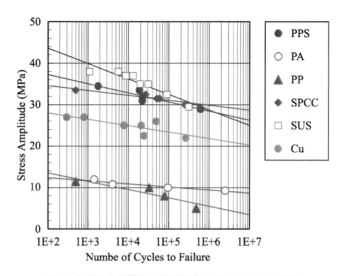

図12　各種接合試験片の疲労試験から得られたS-N曲線

表1　国際標準発行までの手順

段階	作成書類
1．新作業項目提案	NWIP（New Work Item Proposal）
2．作業原案	WD（Working Draft）
3．委員会原案	CD（Committee Draft）
4．国際規格原案	DIS（Draft International Standard）
5．最終国際規格原案	FDIS（Final Draft International Standard）
6．国際規格	IS（International Standard）

Adhesives）において作業を進めた。NWIP投票の結果，賛成13ヶ国（内，積極的参加6ヶ国），反対0ヶ国で成立した。2013年9月に中国・蘇州で開催されたISO／TC61年次会議で審議された結果，参加各国の合意が得られ，WDとして承認され，重大なテクニカルコメントのなかったことから，修正の上，CDを経ずにDISへ進展することが承認された。

2014年2月～5月にDIS国際投票が行われ，その結果，賛成14ヶ国，反対2ヶ国で成立した。同年9月に米国・ホノルルで開催されたISO／TC61年次会議にて，技術的コメントについて審議された結果，参加各国の合意が得られ，修正のうえFDISへ進展することが承認された。2015年2月～5月にFDIS原案作成の国際投票が実施され，同年7月15日に表2に示すような新規規格ISO19095シリーズが発行されることとなった。

規格提案準備から約3年という短期間での新規規格発行となり，トップスタンダード制度に基づいた提案による新規規格第一号となった。その間，関係者により主要関係国（イギリス，ドイツ，アメリカ，イタリアなど）のエキスパートなどへの訪問を行い，新しい接合技術と日本が提

第1章 異種材料接合の国際標準化

表2 ISO19095シリーズ

規格番号	規格タイトル
ISO19095-1	Plastics-Evaluation of the adhesion interface performance in plastic-metal assemblies-Part 1: Guidelines for the approach
ISO19095-2	Plastics-Evaluation of the adhesion interface performance in plastic-metal assemblies-Part 2: Test specimens
ISO19095-3	Plastics-Evaluation of the adhesion interface performance in plastic-metal assemblies-Part 3: Test methods
ISO19095-4	Plastics-Evaluation of the adhesion interface performance in plastic-metal assemblies-Part 4: Environmental condition for durability

案する新規規格の必要性を説明し，粘り強く賛成を呼びかけたことが迅速な国際標準化につながったものと考えられる。今後はCFRPと金属の接合に関する評価規格の新たな提案に向けた活動を進める予定である。

文　　　献

1) 安藤直樹, プラスチックスエージ, **10**, 80 (2009)
2) 堀内伸ほか, 日本接着学会誌, **48**, 322 (2012)
3) ㈱東レリサーチセンター, 異種材料接着接合技術2014年版, **103** (2014)
4) 日本工業標準調査会ホームページ, https://www.jisc.go.jp/std/newmarket.html

第2章　異種材料接合部の耐久性評価と寿命予測法

鈴木靖昭*

1　アレニウスの式に基づいた温度による劣化および耐久性評価法

1.1　化学反応速度式と反応次数[1〜4]

$$aA + bB \rightarrow cC + dD \tag{1}$$

上式の化学反応において，A～Dは物質，a～dは化学量論係数であり，反応速度は，次式で表される。

$$\frac{d[A]}{dt} = -\kappa [A]^a [B]^\beta \tag{2}$$

ここで，$[A]$および$[B]$：時間tにおけるAおよびBの濃度，κ：反応速度定数，
$\alpha + \beta$：反応次数
$\alpha + \beta = 0$：0次反応，$\alpha + \beta = 1$：1次反応，$\alpha + \beta = 2$：2次反応
なお，αおよびβは，(1)式のaおよびbと直接的には関係がない。

1.2　濃度と反応速度および残存率との関係[1〜4]

表1には，0次反応，1次反応，および2次反応における$[A]$および$[B]$，時間tにおける

表1　濃度と反応速度および残存率との関係[1〜4]

項　目	0次反応	1次反応	2次反応	
反応速度式	$\dfrac{d[A]}{dt} = -\kappa_0$	$\dfrac{d[A]}{dt} = -\kappa_1[A]$	$\dfrac{d[A]}{dt} = -\kappa_2[A]^2$	$\dfrac{d[A]}{dt} = \dfrac{d[B]}{dt} = -\kappa_2[A][B]$
Aの濃度	$[A] = [A]_0 - \kappa_0 t$	$[A] = [A]_0 e^{-\kappa_1 t}$	$\dfrac{1}{[A]} - \dfrac{1}{[A]_0} = \kappa_2 t$ $[A] = \dfrac{[A]_0}{1 + \kappa_2[A]_0 t}$	$[A]_0$と$[B]_0$が等しい場合：$\dfrac{1}{[A]} - \dfrac{1}{[A]_0} = \dfrac{1}{[B]} - \dfrac{1}{[B]_0} = \kappa_2 t$
Aの残存率	$r = [A]/[A]_0 = 1 - \dfrac{\kappa_0}{[A]_0} t$	$r = [A]/[A]_0 = e^{-\kappa_1 t}$	$r = \dfrac{[A]}{[A]_0} = \dfrac{1}{1 + \kappa_2[A]_0 t}$	
$r = r_m$となる時までの時間	$t_m = \dfrac{(1-r_m)[A]_0}{\kappa_0}$	$t_m = \dfrac{\ln(1/r_m)}{\kappa_1}$	$t_m = \dfrac{1-r_m}{r_m \kappa_2[A]_0}$	
半減期	$t_{0.5} = \dfrac{0.5[A]_0}{\kappa_0}$	$t_{0.5} = \dfrac{\ln 2}{\kappa_1} = \dfrac{0.693}{\kappa_1}$	$t_{0.5} = \dfrac{1}{\kappa_2[A]_0}$	

* Yasuaki Suzuki　鈴木接着技術研究所　所長

第 2 章　異種材料接合部の耐久性評価と寿命予測法

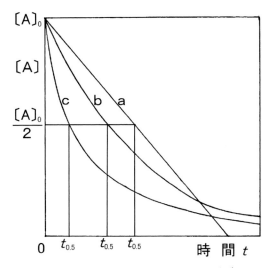

図 1　物質濃度 [A] と時間 t との関係[1~4]

[A] の残存率 r ($0 \leq r \leq 1$), 残存率 $r = r_m$ となる時までの時間 t_m, および半減期すなわち $r_m = 0.5$ となる時間 $t_{0.5}$ を与えるそれぞれの式を示す。

表 1 において, $[A]_0$ および $[B]_0$ は A および B の初期濃度, κ_0, κ_1, および κ_2 は, それぞれ 0 次反応, 1 次反応, および 2 次反応における反応速度定数である。

表 1 の各次数の反応における濃度 [A] と時間との関係を図 1 に示す。0 次反応においては, [A] は図 1(a) のように t に関する勾配が $-\kappa_0$ の直線となる。また, 1 次反応では, 図 1(b) のように [A] は t に関する指数関数となって減少し, したがって ln[A] は t に関する勾配が $-\kappa_1$ の直線となる。2 次反応では, [A] は, 図 1(c) のように t に関する直角双曲線となり, $1/[A]$ が t に関して勾配 κ_2 の直線となる。

接着剤の劣化がその酸化反応により進行し, 接着強度 σ が接着剤の残存量 [A] に比例すると仮定した場合, 接着強度 σ と経過時間 t との関係は, 上記の通り図 2 のようなスケールを取ることにより直線により表される。ここで, σ_0 は初期接着強度である。

1.3　材料の寿命の決定法[1~4]

次項 1.4 項で述べるアレニウス式を用いて, より低い温度（例えば室温）における寿命を推定するためには, より高い少なくとも 2 種類の温度における寿命実験値を必要とする。

①寿命到達時が明確な場合

　機械的分離破断, 絶縁破壊などの現象により, 材料が寿命に達した時間が明確に分かる場合は, その時間を寿命とする。

②材料の物性が低下して実用に供さなくなる場合

　この場合は, その材料の物性値が実用に供さない値になる時間を寿命とする。故障判定基準と

異種材料接合技術 — マルチマテリアルの実用化を目指して —

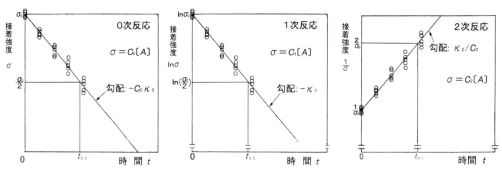

図2 寿命決定法（接着強度の場合の例）[1~4]

しては，材料や機器によって多様な値が採用されており，LEDの場合は順電圧が規格最大値の1.1倍，光束が規格最小値の0.7倍，あるいは動作電流が規格値の1.2倍に達した時，導電性接着剤においては抵抗値が初期抵抗値の5倍になった時，コンデンサにおいては初期静電容量値からの変化が規定範囲（一般的には±20%～±30%）を超えた場合，漏れ電流値が規格値を超えた場合などが採用されている。

寿命試験において，同一条件に対する試料数が多く取れる場合は，各寿命実験値と累積故障率（不信頼度関数）$F(t)$との関係をワイブル確率紙にプロットして，各温度条件における直線の傾きが同じ，すなわち故障モードが同一であることを確認し，例えばメディアン寿命，すなわち累積故障率$F(t)=50\%$におけるtを寿命とする。

一般的には，材料のある温度Tにおける寿命を決定する方法として，対象とする物性値（例えば強度，弾性率，など）の残存率rが一定値r_mとなる時までの時間t_mを寿命とするという方法が採用される。劣化の進行により固くなる，すなわち弾性率が増加する場合もあるが，その場合は故障判定基準を弾性率初期値より大きい値とする。

ここでは，劣化により反応量に比例して物性値が低下する場合について述べる。t_mとしては，半減期すなわち$r_m=r_{0.5}=0.5$となる$t_{0.5}$が用いられることが多い。

方法としては，図2のように，例えば接着強度σと経過時間tとの関係をプロットし（0次反応の場合：$\sigma-t$，1次反応の場合：$\ln\sigma-t$，2次反応の場合：$1/\sigma-t$の関係が直線となる），σが例えば半減する時間tを寿命$t_{0.5}$とする。ここで，寿命$t_{0.5}$は極端な外挿によって決定することは避けるべきであり，内挿により決定することが望ましい。

図3は，エポキシ樹脂を300℃のN_2雰囲気中で加熱劣化させた時の質量残存率と曲げ強度との関係である[5]。この質量残存率はエポキシ樹脂が酸化され分子の一部が分解して気体となって放出されことによる値であるのに対し，表1の残存率〔A〕はエポキシ樹脂の機能が保持される値であり，両者の間には大きな隔たりがあるため，図3において曲げ強度（エポキシ樹脂の機能が保持される率）は質量残存率90%においてほぼ半減値45MPaとなっている。

第2章 異種材料接合部の耐久性評価と寿命予測法

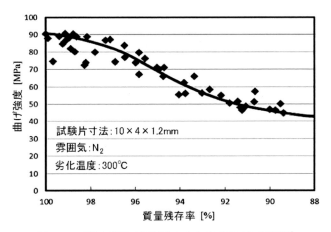

図3　エポキシ樹脂の質量残存率と曲げ強度との関係[5]

1．4　反応速度定数と温度との関係[1〜4]

スウェーデンの科学者アレニウス（1903年ノーベル化学賞受賞）は，反応速度定数κと絶対温度Tに関する次の実験式を提出した[6,7]。

$$\kappa = A\exp\left(-\frac{E_a}{RT}\right) \tag{3}$$

ここで，A：温度に無関係な係数（頻度因子）（物質量／時間）
　　　　E_a：活性化エネルギー（J/mol）（図4参照）
　　　　R：気体定数（8.3145J/mol/K）$= kN_A$
　　　　k：ボルツマン定数$= 1.3806 \times 10^{-23}$（J/K）
　　　　N_A：アボガドロ数$= 6.0221 \times 10^{23}$（1/mol）
　　　　T：絶対温度（K）

反応速度定数κは，活性化エネルギーE_aの値が小さく，温度Tが高いほど大きくなる。

1．5　アレニウス式を用いた寿命推定法[1〜4]

材料の酸化反応などにより劣化が生じ，その寿命を，物性値（強度など）の残存率rがr_mとなる時までの時間t_mまたは半減期$t_{0.5}$（表1参照）として定義すれば，寿命はすべて反応速度定数κ_0，κ_1，およびκ_2に反比例する。

したがって，材料の寿命はアレニウスの(3)式で表される反応速度定数κに反比例する。すなわち，寿命t_mまたは$t_{0.5}$をまとめてLで示せば，それは次式で表される。

$$L = C\exp\left(\frac{E_a}{RT}\right) \tag{4}$$

ここで，C（時間）は比例定数である。
(4)式より，次式が得られる。

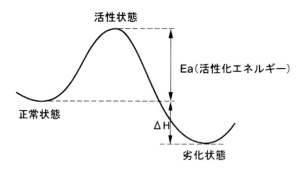

図4　活性化エネルギー

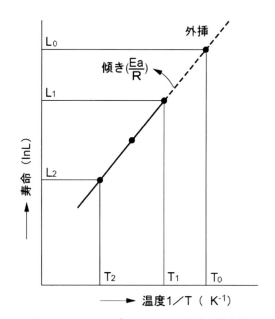

図5　アレニウスプロットによる寿命の推定法

$$\ln L = \ln C + \frac{E_a}{RT} \tag{5}$$

(5)式により，寿命Lの対数と絶対温度Tの逆数が図5のように直線関係となり，その勾配がE_a/Rである。

したがって，より高い2種類以上の温度（例えば図5のT_1およびT_2，$T_1 < T_2$）における寿命の実験値（L_1およびL_2）を外挿することにより，より低い温度（例えば室温T_0）における寿命L_0を次式により推定できる。

$$\ln L_0 = \frac{1/T_0 - 1/T_2}{1/T_1 - 1/T_2} \cdot \ln\left(\frac{L_1}{L_2}\right) + \ln L_2 \tag{6}$$

このとき，加速係数A_L，すなわち温度T_1およびT_2（$T_1 < T_2$）における寿命L_1およびL_2の比は，

第 2 章　異種材料接合部の耐久性評価と寿命予測法

次式により表される。

$$A_L = \frac{L_1}{L_2} = \exp\left\{\frac{E_a}{R}\left(\frac{1}{T_1} - \frac{1}{T_2}\right)\right\} \tag{7}$$

また，実験値 (L_1, T_1) または (L_2, T_2) と E_a を用いて，次式により C の値が得られ，寿命予測式(4)式が確定する。

$$C = \exp\left(\ln L - \frac{E_a}{RT}\right) \tag{8}$$

例として，経験的に室温付近では温度が10℃増加すると寿命が半減する（10℃則）といわれているので，20℃→30℃の10℃の温度増加で寿命が半減する場合の E_a を求めてみる。

$$\ln 2 = \frac{E_a}{R}\left(\frac{1}{293.15} - \frac{1}{303.15}\right) \tag{9}$$

$$0.69315 = \frac{E_a}{R}(3.4112 - 3.2987) \times 10^{-3}$$

直線の勾配　$\frac{E_a}{R} = 6160 \ (K)$

$E_a = 5.12 \times 10^4 \ (J/mol) = 0.531 eV$

2　アイリングモデルによる機械的応力，湿度などのストレス負荷条件下の耐久性加速試験および寿命推定法[1~4]

2.1　アイリングの式を用いた寿命推定法

アイリングは，絶対反応速度論により全く理論的に，温度およびそれ以外の機械的応力，湿度，温度差サイクル，電圧などのストレスの影響も考慮した反応速度式を導出した[7,8]。P, V の変化が無視できれば，$\Delta G = U - T\Delta s$ である。

$$\kappa = a\left[\frac{kT}{h}\right]\exp\left(\frac{-\Delta G}{kT}\right) = a\left[\frac{kT}{h}\right]\exp\left(\frac{\Delta s}{k}\right)\exp\left(-\frac{U}{kT}\right) \tag{10}$$

　ここで，ΔG：1分子あたりの自由エネルギーの差（J）

　k：ボルツマン定数（J/K）

　U：1分子当たりの活性化エネルギー（J）

　T：絶対温度（K）

　Δs：エントロピー変化（J/K）

　κ：反応速度定数（物質量／時間）

　a：比例定数（物質量／時間）

温度ストレス以外のストレスを含む表現は[6~11]，

$$\kappa = a\left(\frac{kT}{h}\right)\exp\left\{f(S)\left(b + \frac{c}{T}\right)\right\}\exp\left(-\frac{U}{kT}\right) = a_1 T \exp\left\{f(S)\left(b + \frac{c}{T}\right)\right\}\exp\left(-\frac{E_a}{RT}\right) \tag{11}$$

ここで，a, a_1：比例定数（物質量／時間）
b, c：定数
k：ボルツマン定数$=1.3806\times10^{-23}$（J/K）$=R/N_A$
R：気体定数（8.3145J/mol/K）
N_A：アボガドロ数$=6.0221\times10^{23}$（1/mol）
h：プランク定数$=6.6261\times10^{-34}$（Js）
E_a：1mol当たりの活性化エネルギー（J/mol）$=UN_A$
$f(S)$：温度以外のストレスS（応力，湿度，温度差サイクル，電圧など）の関数

(11)式と比較すると，(3)式のアレニウス式の定数A（頻度因子）は，正確には絶対温度Tに比例する量であることがわかるが，Tの変化に比して$\exp(-E_a/RT)$の変化の方が桁違いに大きいため，狭い温度範囲では，Tは一定とみなすことができる。

(11)式において，$f(S)=\ln S$，$(b+c/T)=n$とおき，$a_2 \sim a_4$を比例定数とすれば[8,9]，

$$\kappa = a_2 TS^n \exp\left(-\frac{E_a}{RT}\right) \fallingdotseq a_3 S^n \exp\left(-\frac{E_a}{RT}\right) = a_4 S_h^h S_m^m \exp\left(-\frac{E_a}{RT}\right) \quad (12)$$

(12)式の$\fallingdotseq$より右の項は，Tの狭い領域について成立する近似アイリング式である[7~11]。温度以外のストレスが複数個（例えば湿度S_hおよび機械的応力S_m）ある場合はそれらのべき乗の積とする。

このとき，寿命L（時間）は次式で表わされる。なお，$d_1 \sim d_4$は比例定数である。

$$L = d_1 S^{-n} \exp\left(\frac{E_a}{RT}\right) = d_2 S_h^{-h} S_m^{-m} \exp\left(\frac{E_a}{RT}\right) \quad (13)$$

$$\ln L = d_3 - n \ln S + \frac{E_a}{RT} = d_4 - h \ln S_h - m \ln S_m + \frac{E_a}{RT} \quad (14)$$

加速係数A_Lは次式で表される。

$$A_L = \frac{L_1}{L_2} = \left(\frac{S_2}{S_1}\right)^n \exp\left\{\frac{E_a}{R}\left(\frac{1}{T_1}-\frac{1}{T_2}\right)\right\} = \left(\frac{S_{h2}}{S_{h1}}\right)^h \left(\frac{S_{m2}}{S_{m1}}\right)^m \exp\left\{\frac{E_a}{R}\left(\frac{1}{T_1}-\frac{1}{T_2}\right)\right\} \quad (15)$$

(13)式により，ストレスが1種類の場合，ストレスSの対数と寿命Lの対数が図6のように直線関係となり，その直線の勾配が$-n$である。この直線を外挿することにより，より小さいストレスにおける寿命を推定することができる。

ストレスが複数個，例えば，湿度と応力の2個ある場合，寿命予測(13)式のE_a，指数h，およびmの値は，それぞれ，温度，湿度，または負荷応力以外のパラメータを一定にして，2点以上の使用条件より高い温度，高い湿度，または大きな応力における寿命を測定し，1.5項図5のアレニウスプロットの勾配からE_a，または図6のアイリング式プロットの勾配から次数hまたはmを決定する。

そのようにして決定されたE_a，指数h，およびmの値と，それらの決定に用いた複数の寿命Lの実験値により，(13)式から複数個の定数d_2が得られるので，それらの平均を取って代表的d_2とす

第2章　異種材料接合部の耐久性評価と寿命予測法

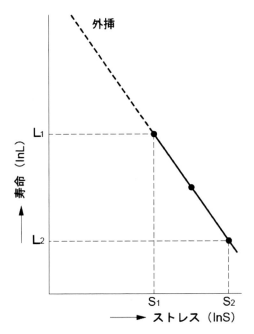

図6　アイリング式プロットによる寿命の推定

れば，任意の温度，湿度，および応力における寿命予測式が得られることになり，その予測式の決定に用いた温度，湿度，および応力からかけ離れた条件でなければ，寿命予測式として用いることができる。

(10)式～(15)式における具体的なストレスSとしては，機械的応力σ，絶対および相対湿度（PおよびRH），温度差サイクル試験における温度差Δt，電圧ΔEなどがあげられる。

なお，経験的にnの値は，コンデンサに対して直流電圧負荷の場合$n \fallingdotseq 5$，電球のフィラメントの電圧ストレス対して$n \fallingdotseq 13 \sim 14$，ボールベアリングの破壊に対して$n \fallingdotseq 3 \sim 4$などと言われている[7]。

2.2　アイリング式を用いた湿度に対する耐久性評価法

湿度ストレスとしては，絶対湿度と相対湿度があり，それぞれの場合の耐久性評価法について述べる。

① 絶対水蒸気圧

Pを絶対水蒸気圧とすれば，(13)式において，$S = P$とした場合である[12]。

$$L = d_1 P^{-n} \exp\left(\frac{E_a}{RT}\right) \tag{16}$$

② 相対湿度モデル1

(13)式において，$S = RH$（相対湿度）とした場合である[12]。

$$L = d_1 (RH)^{-n} \exp\left(\frac{E_a}{RT}\right) \tag{17}$$

③ 相対湿度モデル2（Lycoudesモデル）[12~14]

Lycoudesにより導出されたモデルで，次式で表される。

$$L = d_3 \exp\left(\frac{E_a}{RT}\right) \exp\left(\frac{\beta}{RT}\right) \tag{18}$$

d_3（時間）およびβ（%）は定数である。(18)式の両辺の対数をとれば，

$$\ln L = \left(\frac{E_a}{RT} + \frac{\beta}{RT}\right) + \ln d_3 \tag{19}$$

(19)式を用いた温度および湿度の影響を考慮した寿命予測の方法を図7に示す。

2.2.1　Lycoudesモデルによる寿命予測方法例

室温（20℃）で60%RHにおける接着継手の寿命を，アイリングモデルを使用して予測する方法について述べる。

温度および湿度により加速するため，例えば，60℃（T=333.15K），RH=70%，70℃（T=343.15K），RH=70%，および80℃（T=353.15K），RH=70%，において寿命試験を行う。寿命は，例えば半減期$t_{0.5}$とする。

この場合，相対湿度RHが一定であるため，β/RH=一定となり，(18)式および(19)式は，それぞれアレニウスの(4)式および(5)式に一致する。そこで，図5のアレニウスプロットを行い，その直線の勾配からE_a/Rの値が得られ，したがってE_aの値が得られる。この直線を20℃に外挿することにより，20℃，RH=70%における寿命が予測できる。

次に，(18)式および(19)式における湿度RHに関する項の定数βの値を決定するため，例えば，70℃（T=343.15K），RH=60%および70℃，RH=80%において寿命試験を行い，すでに実施した70℃，RH=70%における寿命実験値とを組み合せる。

ここで注意すべきことは，高温のうえ湿度が非常に高いため，蒸発潜熱により火傷し易いこと

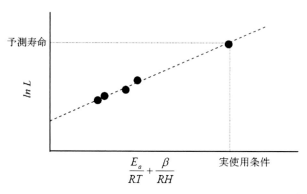

図7　Lycoudesモデルによる温度および湿度を考慮した寿命予測[12~14]

第2章 異種材料接合部の耐久性評価と寿命予測法

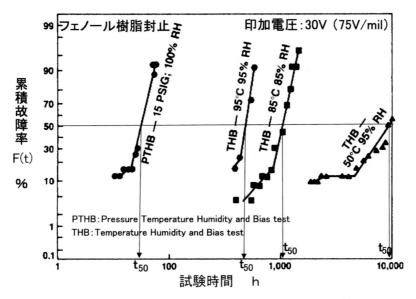

図8 集積回路の累積故障率$F(t)$(%)と試験時間との関係[14]

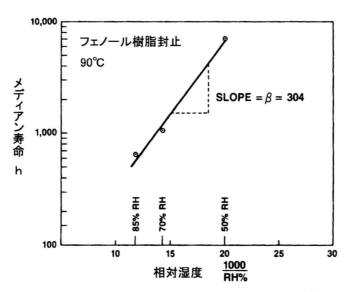

図9 集積回路のメディアン寿命と相対湿度の逆数との関係[14]

である。

これらの条件において，温度$T=343.15K$が同一であるため，(18)式および(19)式におけるE_a/RT＝一定となる。また，3条件における実験値を用いて，$\ln L$と$1/RH$との関係をプロットしたとき得られる直線の勾配がβ（％）となる。

したがって，以上の5条件における寿命実験値を用いて，図7を作成し，その直線を実使用条

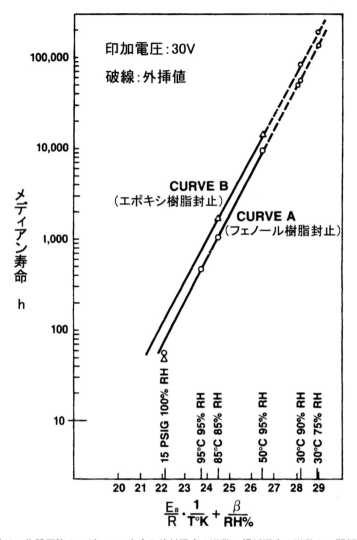

図10 集積回路のメディアン寿命と絶対温度の逆数＋相対湿度の逆数との関係[14]

件，例えば20℃（$T=293.15K$），$RH=60\%$における横軸値$E_a/(293.15 \times R) + \beta/60$まで外挿することにより，20℃，$RH=60\%$における寿命が予測できる。

2.2.2 Lycoudesモデルによる寿命予測の具体例

図8はフェノール樹脂封止集積回路の累積故障率$F(t)(\%)$と試験時間との関係（Weibullプロット）[14]，図9は同じくフェノール樹脂封止集積回路の90℃におけるメディアン寿命t_{50}（1.3項②参照）と相対湿度の逆数との関係である[14]。図9において，直線の勾配からLycoudesの(18)式の定数$\beta=304$という値が得られている。

図10はフェノール樹脂およびエポキシ樹脂封止集積回路について，Lycoudesの(18)式を用いて

第2章　異種材料接合部の耐久性評価と寿命予測法

外挿により30℃の寿命を予測した結果である[14]（図7に相当）。

2.3 Sustained Load Test

米国3M社のW. D. Sellにより開発された方法で、同社のA. V. Pociusらは、Al板の重ね合せ接着継手に対し、コイルばねによって負荷をかけ、温度および高湿度条件下の長期の耐久性を調べた[15,16]。

2.3.1 接着剤A（一液性120℃/1h硬化エポキシ系）の場合

筆者らは、温度、湿度、および応力に関し、Pociusらと同一条件下で、ステンレス鋼板の接着継手（溶剤脱脂のみ）の耐久性を調べた[17]。

図11に試験片形状、図12に応力負荷装置を示す。なお、図12の応力負荷装置は、試験片破断時に反動で図の右方向に飛び出して危険であるため、架台に固定しておく必要がある。

図13に耐久性試験結果の一例（120℃/1h硬化、一液性エポキシ系接着剤）を示す[17]。

図13においては、前記(14)式を適用して、寿命L（保持時間）およびストレスS（応力）の対数を取っているが、温度一定（38℃）においてほぼ直線を示しており、アイリング式の妥当性が確

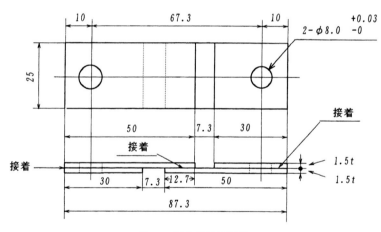

図11　耐久性試験片[17]

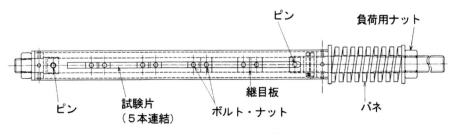

図12　応力負荷装置[17]

認された。温度が38℃および60℃における直線の勾配はほぼ等しく，両温度においてはほぼ同一のモードの劣化反応が進行していることが推定される。

溶剤脱脂を施したのみのステンレス鋼は，アンカー効果も期待できないため，図13の結果は，図15のPociusらのフィルムタイプの接着剤（被着材はFPLエッチングAl材）の耐久性にははるかに及ばないが，Pociusらによる一液性のエポキシ系接着剤（被着材は同じくFPLエッチングAl材）の耐久性の最小値[15]とはほぼ同等の値を示した。

(1) 継手の活性化エネルギーE_aの算出

図13の38℃および60℃，応力＝5 MPaの実験結果（近似直線）から，1．5項の加速係数の計算(7)式を適用して，活性化エネルギーE_aの値を求めてみる。

応力＝5 MPa，温度T_1＝311.15K（38℃）およびT_2＝333.15K（60℃）における寿命L_1＝4.0727×$10^2 d$，L_2＝2.0255×$10^1 d$を(7)式に代入して両辺の対数をとれば，

$$\ln\left(\frac{407.27}{20.255}\right) = \ln 20.107 = \frac{E_a}{R}\left(\frac{1}{311.15} - \frac{1}{333.15}\right) \tag{20}$$

$$3.0011 = \frac{E_a}{R}(3.2139 - 3.00717) \times 10^{-3}$$

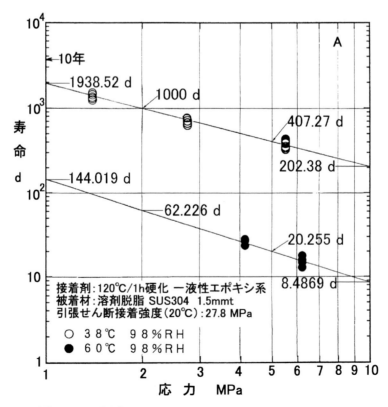

図13　一液性エポキシ系接着剤AのSustained Load Test結果（アイリング式プロット）[17]

第2章 異種材料接合部の耐久性評価と寿命予測法

直線の勾配 $\dfrac{E_a}{R} = 14,143 \ (K)$

$E_a = 1.18 \times 10^5 \ (\text{J/mol}) = 1.223 \text{eV}$

このように，この接着継手の劣化反応の活性化エネルギーE_aの値は，(9)式の10℃則の値の2.3倍あり，この接着継手の耐久性が比較的大きいことが分かる。

また，(8)式により，寿命予測式(4)式のCを計算すれば，

$$C = \exp(\ln 4.073 \times 10^2 - 14143/311.15) = 7.41 \times 10^{-18} \ (\text{d}) \tag{21}$$

を得る。

(2) アレニウス式による応力負荷条件下の接着継手の室温における寿命の推定

図13の接着剤Aのアイリング式プロットの近似直線から，室温における寿命を推定する。

① 温度20℃，$T_0 = 293.15$K，応力$S = 1$ MPaの場合の寿命の推定

図から，応力$S = 1$ MPaの場合の$T_1 = 311.15$K（38℃）および$T_2 = 333.15$K（60℃）における寿命は，$L_1 = 1938.52$dおよび$L_2 = 144.019$dとなる。

これらの値を(6)式に代入すれば，$T_0 = 293.15$K（20℃）における寿命$L_0 = 22124$d $= 60.6$年が得られる。ただし，これは湿度98%RHにおける寿命予測値であり，通常の湿度における寿命はこれより長くなる。

② 温度20℃，$T_0 = 293.15$K，応力$S = 2$ MPaの場合の寿命の推定

①と同様にして，近似直線から$T_1 = 311.15$K（38℃）および$T_2 = 333.15$K（60℃）における寿命は，$L_1 = 1000$dおよび$L_2 = 62.226$dとなり，これらの値を同じく(6)式に代入すれば，$T_0 = 293.15$K（20℃）における寿命$L_0 = 13226$d $= 36.2$年が得られる。

①および②の結果から，この継手の場合，20℃において，負荷応力が1 MPa（10kgf/cm^2）から倍の2 MPaになると，推定寿命が60%に低下することが分かる。なお，この接着試験片の耐久性試験前の室温における引張りせん断接着強度は，27.8MPa（284kgf/cm^2）と比較的大きく，負荷応力1 MPaは，そのわずか3.6%である。

(3) アイリング式の次数nの算出

次に，図13の38℃におけるアイリング式プロットの近似直線から，アイリングの(12)式の指数nの値を求めてみる。

図13の38℃の実験値の近似直線を延長すれば，応力1 MPaおよび10MPaにおける寿命$L_1 = 1.9560 \times 10^3$dおよび$L_2 = 2.0238 \times 10^2$dが得られる。これらの値を加速係数の計算式(15)式に代入すれば，温度は一定であるため，次式が得られる。

$$A_L = \dfrac{1956.0}{202.38} = 9.66 = \left(\dfrac{S_2}{S_1}\right)^n = \left(\dfrac{10}{1}\right)^n \tag{22}$$

$\log 9.66 = 0.985 = n\log 10 = n$

この接着継手の場合，$n \fallingdotseq 1$であり，寿命Lは負荷応力Sにほぼ逆比例して減少している。

2.3.2 接着剤F（二液性60℃/3h硬化エポキシ系）の場合

図14は，筆者らによる接着剤Fの38℃，98％RHにおけるSustained Load Test結果（アイリングプロット）である[17]。図14の実験値の近似直線を延長すれば，応力1MPaおよび10MPaにおける寿命$L_1 = 4.13 \times 10^3 d$および$L_2 = 4.39 \times 10 d$が得られる。

これらの値を加速係数の計算式(15)式に代入すれば，温度は一定であるため，次式が得られる。

$$A_L = \frac{4130}{43.9} = 94.1 = \left(\frac{S_2}{S_1}\right)^n = \left(\frac{10}{1}\right)^n \tag{23}$$
$$\log 94.1 = 1.973 = n \log 10 = n$$

この接着剤の場合，$n \fallingdotseq 2$と，前記の一液性接着剤Aの場合の約2倍で，寿命は接着剤Aの場合より負荷応力の影響を受けやすい。

この接着剤は二液型であり，室温硬化も可能であるが，60～80℃で加熱硬化させているため接着強度が向上している。

なお，この接着試験片の耐久性試験前の室温における引張りせん断接着強度は，24MPaであった。

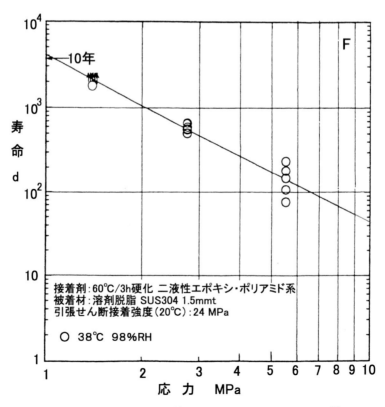

図14　二液性エポキシ系接着剤FのSustained Load Test結果[17]

第2章　異種材料接合部の耐久性評価と寿命予測法

2.3.3　フィルム型接着剤（177℃加熱硬化 ノボラック・エポキシ系）の場合[15, 16]

　図15は，Pociusらによる，典型的な航空機構造用フィルムタイプの接着剤による継手（177℃硬化，ノボラックエポキシ系，被着材はFPL処理（硫酸-クロム酸処理）純Alクラッド2024T-3）のSustained Load Test結果である[15, 16]。

　試験片の形状・寸法は図11と同一である。表面処理が適切で，高温加熱硬化であることに加えて，接着剤にはエポキシ基が多く，架橋密度が高いため，図13のペースト型120℃硬化接着剤の場合（60℃）の寿命に比して，2桁以上大きい驚異的な寿命を示している。

　図15の実験値の近似直線を延長すれば，応力8MPaおよび20MPaにおける寿命$L_1 = 6 \times 10^3$dおよび$L_2 = 1.0$dが得られる。これらの値を加速係数の計算(15)式に代入すれば，次式が得られる。

$$A_L = \frac{6000}{1} = 6000 = \left(\frac{S_2}{S_1}\right)^n = \left(\frac{20}{8}\right)^n \tag{24}$$

$\log 6000 = 3.7782 = n\log 2.5 = 0.39794n$

$n = \dfrac{3.7782}{0.39794} = 9.49$

　このように，この接着剤の場合は，寿命は非常に大きいが，応力の影響を受けやすい。

　なお，この接着試験片の耐久性試験前の室温における引張りせん断接着強度は，22.39MPaである。

　以上のように，同じエポキシ系といっても，種類，硬化剤，加熱温度などにより，その耐久性

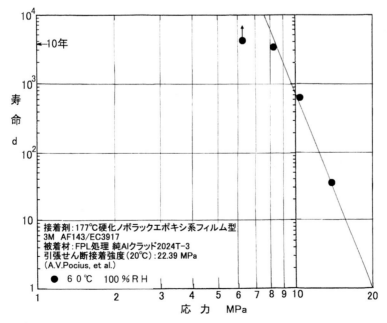

図15　フィルム型エポキシ系接着剤のSustained Load Test結果[15, 16]

には大きな違いが見られるため，使用に当たっては，使用条件を考慮した耐久性試験の実施が不可欠である。

3 ジューコフ（Zhurkov）の式を用いた応力下の継手の寿命推定法

3.1 ジューコフの式

　高分子の破壊における速度論による取扱いが，ゴム状粘弾性体の分子間結合（二次結合）についてはトボルスキー－アイリング（Tobolsky-Eyring）[18,19]により，応力負荷状態における高分子の分子内結合（一次結合）についてはジューコフ（Zhurkov）ら[20,21]により行われた[22～25]。

　それらにおいて，寿命t_bと負荷応力σとの関係は次式により表される。

$$t_b = C\exp\left(\frac{E_a - a\sigma}{RT}\right) = C\exp\left(\frac{E_a}{RT}\right)\bigg/\exp\left(\frac{a\sigma}{RT}\right) \tag{25}$$

　　　　ここで，C：比例定数（時間），a：活性化体積と呼ばれる。

　上式のCは(4)式のCと同一のものであり，(3)式のAの逆数に比例する値である。Aは2.1項で述べたように正確にはTに比例する値であるが狭い温度範囲では定数とみなすことができるため，Cも同様に狭い温度範囲では定数とみなすことができる。

　(25)式は，図16(a)のような平衡状態において応力σが作用することにより，同図(b)のように障壁の活性化エネルギーE_aが正方向には$a\sigma$だけ低くなって原子，分子の移動速度が速くなり，逆方向には障壁が$a\sigma$だけ高くなり原子，分子の移動速度が遅くなることに基づいて導かれた[22]。

　機械的応力σに加えて，湿度ストレスμ（本来は絶対湿度）についても同様のことが成立すると考えた場合，(25)式は次式のようになる。

$$t_b = C\exp\left[\frac{E_a - (a_1\sigma + a_2\mu)}{RT}\right] = C\exp\left(\frac{E_a}{RT}\right)\bigg/\left[\exp\left(\frac{a_1\sigma}{RT}\right)\exp\left(\frac{a_2\mu}{RT}\right)\right] \tag{26}$$

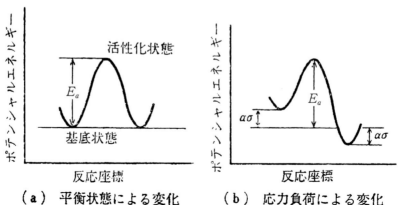

（a）平衡状態による変化　　（b）応力負荷による変化

図16　速度過程によるポテンシャル障壁[22]

第 2 章　異種材料接合部の耐久性評価と寿命予測法

3．2　ジューコフの式による接着継手のSustained Load Test結果の解析

(25)式から応力 σ_1 および σ_2（$\sigma_1 < \sigma_2$）における寿命の加速係数 A_L は，

$$A_L = \frac{t_{b1}}{t_{b2}} = \exp\left[\frac{a(\sigma_2 - \sigma_1)}{RT}\right] \tag{27}$$

となり，a は次式から求められる。

$$a = \frac{RT \ln(t_{b1}/t_{b2})}{\sigma_2 - \sigma_1} \tag{28}$$

(27)式に，図13の一液性エポキシ系接着剤Aによる継手の温度38℃（$T=311.15$K）における耐久性試験結果から読み取った値，

　$\sigma_1 = 1$ MPa　$t_{b1} = 1938.52$d
　$\sigma_2 = 10$MPa　$t_{b2} = 202.38$d

の値を代入することにより，次のように a の値が得られる。

$$a = \frac{8.3145 \times 311.15 \ln(1938.52/202.38)}{10-1} = 649.50 \quad (\text{J/MPa/mol}) \tag{29}$$

したがって，この継手の劣化反応においては，38℃，98％RH条件下で，負荷応力 σ が1 MPa増すごとに，実質的活性化エネルギー E_a が649.50J/molずつ減少することになる。

(25)式の右辺の exp（$a\sigma/RT$）（≥ 1，$\sigma = 0$ において $=1$）は，応力 σ を付加することによる劣化の加速係数とみなされ，図13の一液性エポキシ系接着剤Aの場合，1.29（$\sigma = 1$ MPa）および1.65（$\sigma = 2$ MPa）となる。

また，(25)式の C の値は，次式により得られる。

$$C = t_b / \exp[(E_a - a\sigma)/RT] \tag{30}$$

$t_b = 1938.52$d，$E_a = 1.18 \times 10^5$J/mol（(20)式参照），$a = 649.50$J/MPa/mol，$\sigma = 1$ MPa，$T = 311.15$K（38℃）を代入すれば，

$$C = 1938.52/\exp[(1.18 \times 10^5 - 649.50 \times 1)/(8.3145 \times 311.15)] = 3.8690 \times 10^{-17} \text{ (d)} \tag{31}$$

が得られて，この継手に関する38℃，98％RH条件下のジューコフの寿命予測(25)式が確定する。

文　献

1) 鈴木靖昭，接着耐久性の向上と評価−劣化対策・長寿命化・信頼性向上のための技術ノウハウ，情報機構，pp.57-78，190-204（2012）
2) 鈴木靖昭，最新の接着・粘着技術Q&A（佐藤千明編），産業技術サービスセンター，

pp.457-460, 484-491 (2013)
3) 鈴木靖昭, 長期信頼性・高耐久性を得るための接着／接合における試験評価技術と寿命予測, サイエンス＆テクノロジー, pp.133-153 (2013)
4) 鈴木靖昭, 粘着剤, 接着剤の最適設計と適用技術, 技術情報協会, pp.370-380 (2014)
5) 久保内昌敏, エポキシ樹脂技術協会特別講演「エポキシ樹脂の熱加速による寿命評価試験と余寿命推定」テキスト, エポキシ樹脂技術協会 (2014)
6) 福井泰好, 入門　信頼性工学, 森北出版, pp.64-66, 150-163 (2007)
7) 塩見弘, 故障物理入門, 日科技連, pp.77-84 (1970)
8) S. Glastone, K. J. Laidler, H. Eyring, (訳) 長谷川繁夫, 平井西夫, 後藤春雄, 絶対反応速度論, 上, 下巻, 吉岡書店 (1968)
9) J. Vaccaro, H. C. Gorton, RADC Reliability Phisics Notebook, AD624769 (1965)
10) H. S. Endicott, T. M. Walsh, Proc. 1966 Annual Symp. on Reliability
11) J. Vaccaro, J. S. Smith, Proc. 1966 Annual Symp. on Reliability
12) ソニー, 半導体品質・信頼性ハンドブック, pp.2-26 – 2-27 (2012)
13) LED照明推進協議会編, LED照明信頼性ハンドブック, 日刊工業新聞社, p.130-132 (2011)
14) N. Lycoudes, *Solid State Technology*, **53** (1978)
15) A. V. Pocius, D. A. Womgsness, C. J. Almer, A. G. McKown, Adhesive Chemisiry – Developments & Trends (Editor: L. H. Lee), Plenum Press (New York) (1984)
16) 上坊武夫, 高性能構造用接着材料の開発に関する調査研究報告書, 大阪科学技術センター, p.438 (1985)
17) 鈴木靖昭, 石塚孝志, 水谷裕二, 日本接着学会誌, **41**, 143 (2005)
18) A. Tobolsky, H. Eyring, *J. Chemical Physics*, **11**, 125-134 (1943)
19) 三刀基郷訳, Treatise on Adhesion and Adhesives Vol.4, Structural Adhesives with Emphasis on Aerospce Application, Marcell Dekker Inc. (1976)
20) S. N. Zhurkov, E. E. Tomashevsky, *Zhurn. Tekhn. Fiz. XXV*, 66 (1955)
21) S. N. Zhurkov, *Int. J. Fracture Mechanics*, **1**, 311-323 (1965)
22) 横堀武夫監修, 成沢郁夫, 高分子材料強度学, 259-265, オーム社 (1982)
23) S. R. Hartshorn, ed. Structural Adhesives (Chemistry and Technology), 400, Plenum Press (1986)
24) 早川淨, 高分子材料の寿命評価・予測法, 109-205, アイピーシー (1994)
25) 深堀美英, 高分子の寿命と予測　－ゴムでの実践を通して－, 110-111 (2013)

異種材料接合技術
―マルチマテリアルの実用化を目指して―

2016年11月25日 第1刷発行

監　　修	中田一博	（T1034）
発行者	辻　賢司	
発行所	株式会社シーエムシー出版	
	東京都千代田区神田錦町 1-17-1	
	電話 03（3293）7066	
	大阪市中央区内平野町 1-3-12	
	電話 06（4794）8234	
	http://www.cmcbooks.co.jp/	
編集担当	上本朋美／為田直子	

〔印刷　あさひ高速印刷株式会社〕　　　　© K. Nakata, 2016

落丁・乱丁本はお取替えいたします。

本書の内容の一部あるいは全部を無断で複写（コピー）することは，法律で認められた場合を除き，著作権および出版社の権利の侵害になります。

ISBN978-4-7813-1230-9　C3043　¥74000E